热门贴吧
心理杂志
备受关注的心理周刊

怪诞心理学

你为什么不好意思说"不"？

田 野◎著

中国华侨出版社

前言

在生活和工作中，我们总有这样的体会：请求别人容易，拒绝他人却往往难以启齿。

是的，在人际沟通过程中，拒绝是最具挑战性、最具难度的一类。首先，我们要有拒绝的勇气，才能将"不"说出口；其次，拒绝还要看环境，身在公众场合，生硬地拒绝难免会导致不快的情绪滋生。同时，还要注意对方的情绪，以免用词不当让对方产生误会，导致气氛变得尴尬，关系变得别扭……

拒绝他人难为情，那不拒绝勉为其难答应别人会怎么样呢？

一次、两次不拒绝，我们还能承受；但如果面对每个人、每件事，特别是一些，诸如：

你很难办到的事、你不想借的东西、在你很忙或很累的时候让你帮忙一件无足轻重的事——诸如此类的请求，你都是毫无保留地点头，那么结果会怎样呢？很显然，最后你会被各种各样的请求所束缚，让自己疲于奔命，最终自己真正想做的事没有精力做，而自己不想做的事却天天在应付。

这真是一种奇怪的心理。这些不敢拒绝的人往往在生活和工作中会产生很多负面情绪，造成了严重的心理压力。久而久之，这种纠结的心态会导致抑郁、焦虑、暴躁的情绪产生。

拒绝是一种勇气和技巧，它是人际交往中不可或缺的技能。如果万事都不知拒绝，你的生活将时常被他人左右，没有自己的时间和空间，渐渐地也会失去自己的主见。

如果你已经意识到这个问题，就请阅读本书，书中结合生活和工作中的事例，教你如何改变这种思维模式，摆脱内心的煎熬与困惑，达成"别给自己太多束缚，做自己，总有人会因为你的性格喜欢你"的正面、独立心理暗示。

从现在起，不再逃避消极情感，不再害怕与外界发生冲突，不再害怕看到别人的愤怒。当自己有不良情绪产生的时候，要勇敢表达出来，而不是自己默默压抑。学会拒绝不恰当的要求，是让自己心灵自由的前提，也是我们生活和工作中必须学会的功课。

目录
CONTENTS

Part

3 / 不好意思是一种心理病

Part

4 / 你不需要别人来为自己定位

Part
5 / 守住底线就能有底气说"不"

Part

8／如何让"拒绝"善始善终

Part 1
不懂拒绝的人，怎么选择都是难过

做一个能够给别人带来帮助的人，这是满足自我内心、实现自我价值的关键途径。然而，你是否想过这样一个问题：如果丝毫不懂得拒绝，那么结果会是怎样？必然会给自己带来不少的麻烦，自己的事情被耽误，甚至有时候为了承诺，承受过大的压力导致自己最终身心疲惫。不懂得拒绝的人，怎么选择都是难过。

不懂拒绝，就难有收获

在本节开始之前，我们先看这样一个案例：

周婷是一位舞蹈演员，身材曼妙、青春靓丽。在一次舞台表演后，她和副导演相恋。副导演是业内出名的人，年龄比周婷长七岁。所以，尽管周婷的自身条件很好，但是因为男友身为圈内知名人士，加上他又有些大男子主义，什么事情都要自己做主，希望生活中的事情要按照他的理解去处理，希望生活中的人接受他的支配和指挥。

所以慢慢地，周婷丧失了自己的主见和原则。男友不喜欢她留短发，于是她蓄起了长发；男友不喜欢她总是喝饮料，所以她就不再喝饮料；男友嫌弃她说话声音太大，她不得不学着捏着嗓子说话……朋友都很惊讶她的这种改变，但周婷笑了笑说："谁让我爱他呢？其实我也不好受……可是，当他给我提出要求时，我怕……"

这个故事看起来似乎有些极端，但是它源于真实的生活。其实，不仅是两性关系，倘若我们的生活变得越来越没有自主性，那么我们必然就会越陷越深，最终失去对自我的控制，失去自己的本色。

所以，我们经常会在微博、微信、论坛里，看到这样的感慨："我失去了我自己！"在为了别人的事情而忙碌之时，我们却忘记了"本我"，自我意识被大大弱化。这其中，尤其以恋爱中的男女最为常见。结果，我们总是被其他的琐碎事情牵着鼻子走。

也许，此时的你已经深陷其中，只是还没有发觉罢了。那么请看看这两个问题，是否你可以对号入座？

1. 我会经常感受到无助

遇到事情时，我会经常感觉不知如何是好，感到自己是软弱无力的。如果没有别人，那么我就没有走下去的力气。而我最怕听到的，就是他和我说："你自己决定就好。"那个时候，我感到自己像一片随风而飘的枯叶……

2. 我感到自己很愚蠢

如果让我自己去做某一件事，那么我会感觉到自己一定失败，所有的行为都是愚蠢的。和他相比，我怎么可能做好呢？他是那么优秀，而我是这么弱小……

当你有了这样的思维，又怎么会拒绝？因为，你已经习惯了别人为你做决定，习惯了遇到事情时就求助对方。

试想，如果有一天周婷失恋了怎么办？那时，她一定会更加纠结和痛苦。而可以想象的是，以这种单一的模式来经营人生，出现问题是必然的。她的男友，迟早会厌倦这种生活。而等待她的，就只有迷茫了。

所以，如果不懂拒绝，那么你就永远没有收获。而从这一刻起，我们就应该开始学着去拒绝，去独立，去用自己的目光看世界。生活中，还有太多像周婷这样的人，表面上看起来他们爱得伟大，愿意牺牲一切，付出了所有的精力与青春，然而我们知道，他们错了。记住，没有拒绝的权利与勇气，那么自己只能被迷茫所控制，依旧过不好自己的生活！

总是说"好"的痛苦

在这个世界上，有一种人有这样一种特点——很少说"不"，几乎对所有请求都点头称是。无论遇到怎样的求助或要求，总是会不假思索地答应下来。例如：

"能帮我去买一份报纸吗？"

"可不可以帮我把这道题解答一下？"

"明天我有事情，要不然这个项目你去谈吧？"

"老板交给我的这个事，我一点也不会，你能帮我完成吗？"

在这些人的字典里，没有"不"这个字。也许，他们习惯的，就是点点头，开始按照要求去努力，去奋斗。也许，这个人正是你！

在很多人眼里，你是一个值得信赖的人，是一个值得委托的人，是一个值得深交的朋友，是一个让人赞不绝口的榜样。可是，这些人是否知道，在你的背后，同样藏着很多不堪和痛苦？

从小到大，小兰就是一个善良的姑娘。大学毕业后，她到了一家大企业，她在行政部门，主要负责办公室文件整理等。因为小兰脾气非常好，所以同事们也都很喜欢她，会经常去找她帮忙。

　　有一次，老板给小兰安排了一个比较重要的工作，要求在下午三点前将一份会议发言稿准备好。就在忙碌之时，一个同事走了过来，问她可否帮助复印几百份的产品介绍。小兰本来想拒绝，可是话到了嘴边，却又不知道如何回答，只好硬着头皮帮忙去了。结果，复印机反复出现毛病，当复印完后已经是下午两点半，显然老板的任务没办法完成了。

　　因为这件事，老板在公司会议上特别批评了小兰，把她看成了不经世事、委曲求全、承担不了大事的黄毛丫头，一些重大的事情再也不会委派她了。小兰觉得很难受，可是，她不知道该如何向老板解释。

　　在生活中，小兰也是一样。经常回到家刚想忙会儿自己的事情，结果朋友电话打过来央求她帮忙买东西，她也是犹豫了一番后去协助。结果几年下来，朋友们该成家的成家，而她一个人却还孤零零地飘着。经常有人给她介绍对象，她说："我现在天天好忙，真的没有时间见面。"而到了深夜，她一个人却选择偷偷哭泣，根本不知道生活该怎么办。

　　小兰没有朋友吗？当然不。小兰的职场关系不好吗？当然不！

　　可是，为什么小兰却陷入了很深的悲伤之中？很显然，她正是那种很少愿意拒绝的一类人。为了别人的事情，小兰可以毫不犹豫地投入其中，却没承想将自己的事情完全耽搁。所以，在朋友们、同事们的眼里，小兰是个值得信赖的人；但在小兰自己的世界里，她仿佛需要围着其他人连轴转，自己反而成了配角。

事实上，生活中小兰这样的人有很多。难道小兰不愿意拒绝吗？当然不。但是，这样的人多数属于内向性格，为了维护朋友之间的情谊，为了维护同事之间的关系，所以即便内心有一万个不愿意，他们往往也很难将"不"字说出口，哪怕对方的要求有些过分，哪怕对方的请求让自己为难。殊不知，这样做对彼此间的关系不但没有什么实质性的帮助，而且还有可能会有负面影响。这个负面影响很直观：自己的事情完全无法开展。

那么该如何做，才能摆脱这样的痛苦呢？在此之前，我们首先应当建立这样的思维：

1. 明白拒绝不会破坏友谊

对待他人的请求，我们应该有这样的意识：能够帮忙绝不推辞，但如果超过本身能力，就应明确拒绝。也许，你会担心这样做得罪了别人，但事实上，只要找对方法，就不会产生这样的后果。

对于习惯了"不说拒绝"的你而言，也许一开始就直言拒绝不免有些要求过高，这时候不妨采用这个方法：在你拒绝对方以后，马上提供一个机会，让对方也拒绝你一次。毕竟，你刚刚用"不"拒绝了对方的请求，那么此时，对方心里一定是非常难过的。但是，如果你同时提出了一个他不得不拒绝的要求，这时候他的心理就会平衡很多，不畅快化为无形。

以小兰为例子。如果她对同事说："真不好意思，我手头有不少工作要忙，真谢谢你找到我，但这会儿我的确没有办法。对了，下星期我出差不在公司的时候，能不能请你帮忙料理一下我的事务？"

这个时候，同事一定会礼貌地拒绝，并同样说明为什么无法帮助，这样一来，小兰的尴尬就会化解。

2. 建立自我的意识

不愿意拒绝的深层原因在于：没有自我意识，听到请求就立刻想到别人，忘记了自己。所以，想要杜绝痛苦，就应该强化"自我"的这个观念。

当然，这个过程是需要一定时间和方法的。我们不妨这样做，来提醒和强化自己：

每天早晨起床，对着镜子和自己说："你就是你自己！我今天有什么事情是必须做的？那么我今天一定要完成！"

中午时刻，将一天的安排写在纸上，然后看哪些已经完成，哪些是还未完成又必须完成的，然后提醒自己。

傍晚时刻，再一次对自己说："今天自己的事情做完了吗？如果没有，请把其他事情全部推后，否则就不要吃晚饭！"

如此循环一段时间，你就会渐渐产生了"自我"的意识，不会因为不懂拒绝而痛苦。当然，这不是说不再帮助朋友，而是强调在完成自己的工作、生活之后，再去全身心投入地帮助朋友。

3. 自己并没有那么重要

有一些人总误以为自己很重要，大家都要依靠自己，其实很多时候，别人的求助不过只是随口一说，他们一样有备用方案。所以，我们大可不必因为拒绝就纠结、就痛苦。每天，我们同样可以告诉自己："我也只是个普通人罢了！其实并没有那么重要！"

其实，因为不懂拒绝而产生的痛苦，正是人际交往的痛苦。我们要不断提醒自己：在与人交往的过程中，大可不必为了博得所有人的欢心而为难自己。如果总是为了别人而为难自己，那么久而久之反而会让自己陷入人际旋涡之中，凭空增添烦恼。

总是违心地答应，带来的只有痛苦

生活于世，相信每个人都经历过"违心事"。孩提之时，父母的要求尽管一百个不愿意，我们最终还是不得不做了；工作后，明明周末想睡个懒觉，但因为突然而至的客户，我们不得不赶紧从被窝钻出赶到公司……

是的，身为一名社会人，我们或多或少都有过违心的答应，这就是现实；然而，如果我们每一件事都违心地答应，从来就没有过拒绝，那么又会是怎样的一种生活？

恐怕，就剩下两个字：痛苦。

刘芳芳是一个很热情的人，加上事业成功，所以很多人都围绕在她的身边。经常姐妹们聚会后，她都会说一句："怎么样？没玩够去我家继续！我家大门随时向大家敞开，随便住！"

其实，大家都知道，刘芳芳的这种话不过是客套话罢了。但是，这种话听起来还是让人很舒服，所以大家也都很高兴。自然，刘芳芳也不是很当真。

不过，有一次她说完这句话，有一个刚认识的姐妹却应声答道："好嘞，芳姐，这可是你说的！"

刘芳芳答应道："这有什么问题，走，去我家住！"

刘芳芳原以为，这个小姐妹不过只是住一夜罢了，毕竟留宿也不是什么多大的事情。谁知，这个小姐妹还回了趟家，不仅拉来了不少衣服、化妆品，还抱来了一只小猫。一问才知道，原来她和男朋友吵架，于是决定搬出来住，气气自己的男友。并且，她还和刘芳芳说："芳姐，这次我就在这里住一个月！我要让他一个人好好想想！"

刘芳芳听完就愣住了，但是她也不好多说什么，只好让她住了进来。结果这一个月，刘芳芳每天都是在单位和家里疲于奔命，既要忙工作，还要照顾这个二十出头的小姑娘，再加上自己对小猫的毛过敏，结果一个月下来整个人累得瘦了一圈。

刘芳芳的故事常见。曾经有一个小品名叫《有事儿您说话》，其实也正是这种人的代表。无论朋友、同事，还是领导，只要一句话，即便对方只是下意识的询问，他就立刻答应下来，哪怕自己根本没有那个能力。结果，小品中的主人公各种疲于奔命，甚至还要自己倒贴钱帮人，结果被妻子各种埋怨，让家庭生活充满混乱。

朋友的一次求助，我们可以理解并顺利完成，毕竟想要完全随心所欲地活，这不现实；但是如果每次都违心地答应，相信没有人可以承受了。生活中，我们如刘芳芳那般的事情不少见，也许是亲戚朋友借宿，也许是借车，最后多数都是应承了下来。小物件没有关系，可是一些大物件，甚至是关系我们自己财务的方面，我们却很难做到内心完全平静，结果让自己的心里长满了疙瘩。

总是毫无原则地违心答应，让我们处于一种煎熬之中。即便我们答应得如何爽快，也会如案例中的刘芳芳一般，内心却依旧是波涛汹涌，甚至产生一万个后悔："我为什么要随口就答应下来呢？接下来我就是给自己找罪受！"随后，各种负面情绪不请自来，自己过得不开心，甚至还会影响家人、朋友的情绪。

早知今日何必当初？为什么我们不能提前拒绝，将以后的各种烦心拒之门外？恐怕在朋友提出要求的那一瞬间，我们就已经忘记了之后的烦恼，就像小品中的主人公，总是将"有事儿您说话"放在嘴边。说者无意听者有心，一旦应承下来，再想拒绝就非常不礼貌、不理智了。

也许，此时你还有这样的疑问："说'不'虽然容易，但是如果拒绝后产生各种后果，这又该怎么办？"的确，如果你生硬地说"不行"，那么，这必然会产生很多不必要的麻烦。可是为什么我们不能想一想，用一些技巧和方法，将我们幻想的负面后果排除呢？为什么我们一想到拒绝，就是恶果，而不是圆满呢？倘若丧失这个自信，那么我们永远不会拒绝。只要够坦诚，所谓的"拒绝恶果"，就根本不会发生。

那么，我们该如何做，才能避免总是违心地答应呢？以下几个建议，我们不妨多学一下：

1. 不要把话说得过满

想要避免朋友提出各种要求，首先我们要做到：不把话说得过满。就像案例中的刘芳芳一样，总是把"来我家住，随便住多久都没关系"这样的话挂在嘴边，别人怎么会客气？所以，无论何时何地，如果自己的确做不到，那么就不要随便说一些"这种事交给我非常轻松"的话，避免给自己"挖了个坑"。

2. 建立自信，拒绝其实不可怕

为什么我们要违心地答应？很大程度上，我们有这样两种心态：怕让对方丢了面子，怕自己被别人看轻。其实，一句简单的拒绝，根本就不会产生伤害。毕竟，每个人都有自己的能力，做不到，就坦然说"实在抱歉，这件事我的确能力不够，帮不上忙"，用一种真诚的态度来回答，对方也觉得这是正确的回答，更不会感到被伤害。

所以，自信一点，说出自己的难处，这样我们反而会争取到理解，从而避免违心答应后导致的一系列问题。

3. 遇到事情，想一想再开口

有一些人，正如小品中的主人公一般，听见事情几乎条件反射一般地就答应，这是一个很不好的习惯。为了纠正这个毛病，以后再听到要求时，我们不妨心里默念十个数，同时想想对方所说的内容自己有没有能力办到，这样就能避免脱口而出的坏毛病。

4. 及时应承，也可随时拒绝

不要觉得，我们答应了下来，就真的没有办法再拒绝。事实上，如果接下来的事情，发展出乎了我们意料，或是有突发事件发生，我们同样可以进行合理拒绝。例如，案例中的刘芳芳如果在小姐妹借住几天后，这样说："很高兴你能这么多天在我这里，也是陪着我，让我不是那么闷。不过，现在我的确有些不方便了，家人有些怨言，并且小动物也有些让我过敏。坦率地说，我能接待一个星期，但再长时间的话，我这里也的确不方便了。真的很抱歉，我还能再让你住一天，你需要联系其他可以住的地方。"

同样，如果朋友是借车等大型物件，我们也可以说："毕竟这不是一把扇子、一个火机，平常我也需要用车，两三天借给你可以，但是再长也比较影响我自己的生活了。"这种语言，同样可以让对方理解你的难处，从而不再过多要求。

为了逞强，却丢了快乐

人要脸，树要皮。这句话，我们一点都不陌生。尤其是对于很多男性而言，有时候在朋友面前，不免总是摆出一副这样的姿态："没问题！老弟你说的事情很轻松！""这事儿交给我，肯定能办好！"

为了给朋友留下一个好印象，拒绝，似乎成了我们字典里从未出现过的名词。

为了朋友两肋插刀，这当然让人敬佩；可是，如果自己明明没有那份实力，却依旧对于朋友的期望有求必应，这是一个成熟的人应有的行为吗？

此时，你也许抱着自己的观点毫不妥协；可是，如果读完下面这个案例，也许你坚定的内心就会产生动摇。

孙皓有一个朋友名叫赵磊，是一名私企老板。赵磊的生意不断做大，他决定与一家酒店商谈，作为自己的合作定点招待。而孙皓恰恰就在这家酒店工作，于是他自然找到了这个老朋友。

然而，赵磊不知道的是：事实上早在年初，孙皓因为与领导出现摩擦，早已离开了这家酒店。不过，当看到老朋友因为这件事专门宴请自己，加上又喝了点酒，因此孙皓拍着胸口说："老兄，你的事儿就是我的事儿，我一定给你办好！"

"兄弟，我不勉强。我们是新公司，谈判的主动权不多，实在不好做，你可别难为自己，有什么问题就和我说，大不了咱们再想办法！"

听到赵磊这样说，孙皓反而更加觉得要维护自己的形象了："看你说的！我怎么也是这行的老人，也是这家酒店的中层了，这事儿你就放心吧！"

第二天，为了赵磊的这件事，孙皓开始忙碌起来。但结果可想而知：一个已经离职的员工，并且还与领导产生过争执，怎么可能和原单位再有很密切的合作？一转眼，半个月就过去了，但这边却毫无进展。

这天，赵磊给孙皓打来电话，咨询相关事宜，并再一次强调：如果不好办就算了。可是孙皓意识到，如果这个时候拒绝，那么自己无疑丢了大面子。可是，自己该如何进行下一步呢？孙皓陷入了迷茫。

终于，没过两天，他的一个老同事告诉自己：酒店可以与赵磊签约，但不是总经理出面，而是他本人。因为，赵磊的公司只是小客户，不值得总经理亲自出面。

听到这个消息，孙皓兴奋异常，立刻通知了赵磊。几天后，赵磊与孙皓的前同事签订了合同，交付了一年服务费。当天晚上，赵磊邀请众多朋友，并多次赞扬孙皓办事稳妥。直到这时，孙皓依旧没有告诉朋友们，他早已离开了酒店。他已经陷入了朋友的赞美中不可自拔。

然而让孙皓没想到的是，兴奋没有两天，一盆冷水从天而降。第三天，赵磊去酒店，结果却得知，酒店并没有和赵磊签约！

"我们公司有明确规定，对于企业客户必须由总经理亲自签署合同，你的这份合同是假的，并且和你签约的那个人，上个月刚刚辞职！还有孙皓，已经离职半年多了，根本不是我们的员工！"在总经理室内，赵磊得到了这样的答复。

赵磊一下子蒙了。他急忙联系孙皓的老同事，却发现早已找不到人。一怒之下，他将孙皓起诉至法院。面对即将到来的牢狱之灾，一向爱笑的孙皓，却再也笑不出来了。

想想看，现实中，孙皓这样的人还少吗？为了让别人高看自己一眼，我们面对朋友的请求，不假思索地拍胸脯，却根本就没有想一想：

自己有能力解决问题吗?

如果解决不了，又有什么办法去妥善化解吗?

如果答案是否定的，依旧想着"两肋插刀"，那么结局一定如孙皓一般。

为了给他人留下好印象硬着头皮答应下来，这是很多人在与朋友交流时，都会选择的行为；但随后我们却丢失了内心的快乐，这是很多人都没有想到的结局。拒绝，真的那么难吗？当然不，但是为了撑起自己的形象，为了打肿脸充胖子，我们不免变得无比痛快，结果最后却害了自己。

也许在孙皓心里，甚至在我们自己的心里，都会对这一系列行为贴上"卖力不讨好"的标签，甚至抱怨朋友最后的行为有些"太不够义气"，但平心静气地想：如果第一时间告诉朋友自己的现状，明确告知的确无法做到，那么朋友又怎么会平白无故地受损失？办不到，只是因为暂时的能力不足；但办不到却也不拒绝，那么只能给朋友留下这样的印象：人品有问题！

每个人都想让自己的形象高大，这是人之常情。但是，凡事都不要做过了头，不然真正的形象保不住不说，还给自己找来啼笑皆非的难堪。所以，在面对朋友的一些无法做到的要求时，与其死要面子说大话，倒不如和朋友说明情况婉言拒绝，这样反而会更加让朋友理解你的难处，并钦佩你的为人。

当然，在拒绝的语言上，我们不妨下点功夫，这样才是真正的"婉拒"：

1. 给对方出一个建议

在拒绝的同时，我们如果能够给朋友一些建议，那么这就会冲淡有可能产生的不愉快。例如，你可以说："这几天我的确脱不开身了，实在没办法。但是我知道，有一份资料，能够帮上你不少忙。这个资料，就在图书馆里，你现在赶紧去借出来，这样就不会有麻烦了！"这样，对方不仅会接受你的拒绝，还会因为你的建议反而对你产生感激之情。

2. 别太生硬，让对方理解你的苦衷

拒绝别人时最忌讳的就是你以一种冷冰冰的、机械化的口气说"不，我没办法做！"这样做，就会大大伤害对方的感情，甚至让对方嫉恨于你。想要婉拒，那么我们就应该按捺住内心的冲动，用一种较为缓和的语气去表述。

例如，一个朋友想要找你帮忙，你应该让他理解你的苦衷，用无奈的语气说："哥们儿，真是不好意思，虽然我很想帮你，可是我现在正被一项新工作搞得头昏脑涨，所以你看……"与此同时，我们最好配合一定的手势和表情，将这份无奈体现得更加淋漓尽致。这样一来，朋友即便再想麻烦你，也不得不选择放弃。

为了成为朋友，就变得什么都"好"

有的人之所以不懂拒绝，是因为性格较为内向，从小没有拒绝的习惯；但有的人不会拒绝，却是因为——为了得到别人的友谊。这类人，尤其以身在职场的人为主。

来看这样一则案例：

赵炳图是一个刚刚走出校园大门的男孩子，进入了一家大型广告公司上班。身在国内顶级广告公司之中，赵炳图深知要与同事好好相处，因此上班第一天，他就告诉自己：对于前辈的要求，尽可能去满足！得到了这些前辈的认可，那么未来的工作就会顺利很多！

带着这样的思维，赵炳图开始了自己的工作。他非常注重与同事的关系，希望与所有同事都能够成为朋友。例如，他每天都第一个到公司打扫卫生，经常与人攀谈。有一次，一个同事开玩笑地说："小赵，你帮我打一杯开水吧！"原本，同事只是一个玩笑，结果赵炳图二话不说，放下自己的工作，去给这位前辈打水。

这件事被所有同事看到了眼里，于是经常有人让他做这做那，甚至中午去食堂打饭的工作，也都交给了赵炳图。久而久之，同事们都觉得他很好用，因此不管遇到什么事情，就会交给赵炳图去做。

对于各种要求，赵炳图当然感到了有些苦不堪言，甚至还耽误了自己的本职工作。甚至，有一次一名女同事就连买卫生棉的事情都交给他来做，这让他非常尴尬。但是，赵炳图依旧和自己说："尽可能不要回绝，这是我和同事们建立关系的过程！"

赵炳图以为，这样做已经成为了同事们的朋友，可是后来的一件事，却让他迷茫不已。有一天，他因为发烧需要请假，就和一个同事打了电话，让他帮忙和老板说，同事电话里爽快地答应了。谁知到了第二天上班，赵炳图受到了老板的严厉批评，并以"无故不请假"为由扣除了当月工资。

后来赵炳图才知道，原来那个同事忘记了请假这件事。赵炳图有些生气，谁知同事毫不在意，甚至还抱怨他的请假让自己的一些工作没法进行。有的同事附和说，因为他没来，只好自己打饭，结果耽误了不少时间。

一气之下，赵炳图选择了辞职。他不明白，为什么同事要这样对自己？自己从来没有拒绝过任何事情，到头来反而落了埋怨？

不错，在同事的眼里，赵炳图的确是个值得交的朋友，也可以让他帮助做很多事情。但正是这种情形，让赵炳图产生了认知错误：为了得到友谊，于是选择了不懂拒绝，这会让自己成为同事们眼中的"朋友"。可是，这是一种怎样的朋友呢？

事实上，企图使用"不拒绝"的方法成为朋友，这不仅不能增加友谊，反而会让自己在人际关系中处于完全被动的局面。因为，朋友的定义并非是单方面服务，而是彼此之间在平等人格上的互动。如果为了成为朋友丧失独立人格，那么反而会让对方感到你有些过于放低姿态和尊严。

现实中，如赵炳图这样的人不在少数。他们渴望得到良好的人际关系，因此采取了"统统不拒绝"的方法，向世人说："我知道自己不够好，所以想尽量表现出符合你们期望的样子。"但结果却竹篮打水一场空。这样的结果，只能说是自讨苦吃。

看清楚了这样的现实，接下来，我们需要做的，就是杜绝成为这样的人：

1. 摆正姿态，别毫无原则地说"好"

帮助同事解决事情无可厚非，但在态度上不要卑躬屈膝。例如，当有同事说："能帮我打一杯水吗？"你不妨这样说："没问题！不过明天你也要帮我打一杯哦！这样才公平！"如此一来，你没有拒绝同事的要求，但也提出了自己的态度——我这样做仅仅只是帮助。

如此一来，同事未来自然在提出要求时会客客气气，而这也给了你回绝的机会。要记得，如果总是毫无原则地说"好"，那么你的"不"不仅毫无底气，反而还会让对方觉得你这是故意针对自己。

2. 说出自己的内心

初到一个单位，我们自然渴望获得一个好人缘。但是，好人缘绝不是如赵炳图那般，为了讨好别人而不加拒绝。真正的做法，应当是在和同事有了一定接触后，然后明确和各位前辈说："我是一名新人，有很多地方需要向前辈们学习。未来工作中，如果有需要协助，还请各位前辈可以多给我机会；如果工作中有不对的地方，也请各位包涵！"

这样的言语，会给所有同事带来这样一种暗示：所有事情都是以工作为前提的，哪怕帮助。这样一来，同事们自然会知道哪些要求可以提，哪些要求不适合；同时，同事们也会对你刮目相看，认为这是一个愿意来努力工作、努力学习的年轻人。当所有人对你有了应有的尊重之时，那么未来再拒绝时，就会有底气，有气场。

不懂说不？谈判桌上吃亏的是你

是否敢于拒绝？这对于很多人来说，是存在一定情景模式的：

对于同事的要求，我们敢于说"不"。因为，我们可以以"自己工作也比较忙"为由；

对于朋友的要求，我们敢于说"不"。因为，我们知道朋友之间互相了解，有时候即便拒绝，也不会影响我们的友谊。

然而，当我们身在谈判桌上时，是不是我们一瞬间又变得毫无自我，看着对方的气势又一次不敢言语了呢？

现实中，这样的人不在少数：

周海是一名机械公司的采购人员。这天受公司委派，他到了一家钢铁公司采购一批原料。看完原料后，周海说："质量不错，就是咱们价格怎么样？"

钢铁公司："你也说了，质量不错。3000元一吨，怎么样？"

周海皱了皱眉头，说："这个价格有点超过预算……"

钢铁公司："一分价钱一分货！你自己也看到了，我们的品质是其他品牌不能比的。这个价格也是给你的友情价，你也知道，现在工人成本涨得很快，我要是再降价，就没法运转了。当然，如果你能要十吨以上，我每吨可以适当给你优惠十元钱……"

周海听到对方如此说，只好乖乖地掏了钱。结果回到公司后，他被领导一通批评："他那么说，你就不会回绝吗？现在钢铁价格一路下跌，这个价格至少贵了百分之十五！你连一点回绝都不会，怎么可能干好销售？我看你还是另谋高就吧！"

就这样，周海不得不灰溜溜地失业了。他很委屈，自己很努力地工作，并且还获得了一定的优惠，但是为什么最终却被开除？

难道，周海没有认真工作吗？当然不！可惜，因为不懂得任何谈判的技巧，被对方一通侃侃而谈而镇住，被对方的气场所压倒，所以早就忘了拒绝，忘了砍价。

被谈判桌的另一面气势所压倒，不懂拒绝，那么结果是怎样的？毫无疑问，以一种不合理的价格签订了合同。到头来，无论人力成本、物资成本，损失的还是自己。周海不过是一个打工者，最终的结局是被扫地出门。但试想，如果你是这家机械公司的负责人，那么又会收获怎样的结局？

所以，不懂拒绝的下场，有时候不仅只是人际关系，更是财富！

我们总说，谈判桌就像是一个战场。战场讲究兵法，谈判桌上不懂得拒绝，就像战场上不懂兵法，吃亏的永远都是自己。所以，在谈判中，我们一定要学会说拒绝，这样会使我们的谈判条件水涨船高。

试想，如果周海在谈判的过程中，也能拒绝对方，并罗列出一系列数据，那么结果会如何？例如，说明今年钢铁市场的低迷，其他原料厂的价格，以及本公司的成本控制、运营模式等，那么结局又会如何？相信，在不断地拉锯战中，一个合理的价格就会浮出水面。

也许，此时你依旧会有这样的怀疑：在谈判桌上做否决，会不会引起对方方案改变，反而影响签约情况？那么，看完下面这个案例，你就会恍然大悟。

作为一名世界顶级的运动员经纪人，哈维·麦凯曾经运作过一个经典案例：为一名优秀的运动员做过免费经纪人。

有一年，加拿大足球队多伦多冒险队看中了一位名叫安得的球员。与此同时，巴尔的摩小马队也相中了他，两个队为了争取这名球员闹得不可开交。

哈维·麦凯是安得的经纪人，安得出生于黑人家庭，家庭条件很差，所以，麦凯自然想要给安得寻找一个最为优秀、最为专业，同时提供很好待遇的俱乐部。而这两家俱乐部，一个是当地报社的老板，一个从事服装业与运动业，生意做得都是风生水起。而这两家公司的老板，也都有一些共同的特点：富有、精明。

当了解到这两位俱乐部老板的特点后，麦凯对巴尔的摩的老板罗森布伦说："我需要先跟多伦多队的老板巴塞特先生交流一下。"果然，巴塞特开出了很高的价格，以此吸引安得。

不过，麦凯并没有立刻动心，而是暂时拒绝了巴塞特："尊敬的巴塞特先生，很高兴您能够以这样的价格吸引安得。但是，我想我们还需要考虑一下。"

精明的巴塞特说道："当然没有问题。但是我需要提醒你的是，我的这个价格只保证现在。如果走出我的办公室，那我就会立刻通知罗森布伦先生，我们对安得完全没有兴趣了。"

同样老道的麦凯笑了笑，说："好的，那么我能否和安得先讨论一下？"

得到应允后，麦凯立刻对有些犹豫的安得小声说道："你现在假装受不了刺激，已经到了精神崩溃的边缘，然后我们离开这里，到巴尔的摩去。"

安得惊讶地看着麦凯，觉得他这样做简直不可理喻，毕竟这是一个让自己无法回绝的价格。最后，还是麦凯通过各种方法拒绝了巴塞特，并保证第二天给出答复。听到此，巴塞特生气地拿起电话。

安得以为，巴塞特是要打给罗森布伦，因此吓得脸色煞白，但当听到巴塞特是要秘书安排飞机时，他才缓和了片刻。谁知，麦凯却说道："先生，不必麻烦您为我们安排飞机了，我们不会和您签约的。"

到了第二天，麦凯带着安得来到巴尔的摩，和罗森布伦签下了更高的合同。在罗森布伦，安得成就了自己的人生，大金国两会超级杯赛，后来又在麦凯的运作下加入了大名鼎鼎的洛杉矶公牛队。

为什么麦凯能够取得成功？关键就在于他并没有被对方牵着鼻子，而是敢于拒绝对方提出的条件和要求。事实上，他了解安得的潜力，并且知道罗森布伦能够提供更高的条件，所以，他就会选择拒绝进行谈判。

再看周海，他不敢拒绝，所以导致了以不合理的价格进行了采购。

从这两个案例可以看到，谈判桌同样需要拒绝。如果你甘愿放弃说"不"的权力，那么最受损失的只有自己。

当然，对于高端、严肃的谈判桌而言，"不"不是随便就能说出口的，要讲究机会和原则，以不以影响继续谈判为原则。例如"这个……好吧……可是"这样的语言，不仅不能取得效果，反而会让对方感觉到你口是心非，不够果断干脆，所有的回答都是含糊不清的。

那么，该如何在谈判桌上拒绝呢？下面这样的语言就会显得得体很多：

"哦，××先生，我相信这一定不是贵公司的真正价格，这比同行业要高出许多，完全出乎我们的意料！我们是来真诚做生意的，但是这个价格，我相信不会有任何一个公司愿意合作的！"

这样的语言，不仅表明了对方的价格离谱，更表明了自己公司不会接受的态度，而对方也是为了做成生意，所以自然就会进行进一步沟通，重新考虑报价问题。这样一来，我们的目的就达到了。

所以，即便身在谈判桌，我们依旧要敢于表达自己。要明白，也许不做任何表示会促进签约快速进行，但是我们的目的并非只有效率，而是"效率+效益"。所以，大胆地拒绝对方的价格或要求，然后提出自己的看法，在拉锯战中成交，这才是真正的商界人士！

遇到玩笑，不要总是淡然地"一笑而过"

玩笑，这是生活中常见的小趣味。和朋友聚会之时、与同事聊天之时、家人欢聚一堂之时，我们不免会针对某个人开些小玩笑，让气氛变得活跃，让所有人都开心。所以，在很多时候，玩笑就是生活中的调味品，让人开心不已。有的人，还会主动站在玩笑风暴的核心，甘愿为大家博得一笑。

然而，调味品终究是调味品，使用量过大，反而会导致不好的效果，玩笑亦是如此。倘若玩笑开得过头，也会让被开玩笑的人感到尴尬。此时，我们如果忍住不说，依旧任凭周围的人拿自己当作笑料，那么久而久之会如何？

马龙原本是个活泼开朗的人，然而就在上个月被检查出患上了重度抑郁症，这让所有人大吃一惊。而领导去医院看望后，才得知其中的原因。

原来，马龙平常在单位很活泼，也经常和同事开玩笑，是单位里的"著名笑点"。有一次，马龙和同事们聊天，突然他打了个喷嚏，结果鼻涕挂在了脸上，样子非常不雅。同事们看到了都一起哈哈大笑，并给他起了一个绰号：鼻涕大王。慢慢地，没人叫他马龙了，就称呼他为"鼻涕大王"。

　　一开始，马龙对此并没有放在心上。他对自己说："就是一个玩笑罢了，没必要多往心里去！"谁知时间长了，同事们看他并没有反对，因此不论什么场合都叫他"鼻涕大王"。有一次，分厂召开全体大会，一个同事上台演讲时，不留意说出了"鼻涕大王"的绰号，结果惹得台下几百人一起哄堂大笑。马龙当时感到自己的脸就热了，可是到头来，他还是没有多说什么。他觉得，只是一个玩笑就很严肃地与同事交涉，这不免有些伤别人的面子。

　　可是，正是这种心态，让同事们变本加厉，甚至衍生出了新的绰号，诸如什么"鼻涕虫"之类的愈发增多。马龙没想到，一个小小的玩笑竟然成了自己的标签，真是让人哭笑不得！无论走到厂区哪里，他听着所有人管自己叫着"鼻涕虫"、"鼻涕虫"的，心里很不是滋味。

　　然而，真正击溃他的，则是在单位之外的一件事。有一次，他和女友吃饭，突然遇到了一个同事。毫无意外地，同事叫了他声"鼻涕大王"，这让他的女友很好奇。同事添油加醋地将这个绰号的典故讲给了她，并多次强调："他现在是厂里的红人，谁一见他就笑！"

　　马龙的女友很生气，觉得这很丢人，在同事离开后，就嚷嚷着要和马龙分手。本来马龙对这个事情就很心烦，结果和女友大吵一架，最后两人不欢而散。原本马龙和女友已经准备订婚，结果因为这件事暂时延期，这让马龙感到了无比痛苦，请假一个月躲在家里，躲开同事们。他天天想着绰号这件事，想不明白为什么一个玩笑会闹得如此不可收场，结果导致了抑郁症的出现。

为什么马龙会从一个性格开朗的人发展成了抑郁症？很简单，他没有在玩笑开始发酵之时，就选择拒绝再被开玩笑！所以渐渐地，他从一个玩笑的主角变成了"小丑"！试想，如果同事们在第二天依旧开自己的玩笑，他适当表示出拒绝，让这个玩笑戛然而止，那么又怎会有后面的事情？

所以说，玩笑虽好，但是如果任由其发展不做任何表示，那么迟早自己就会受伤害。即便，我们知道对方不是恶意；即便，我们的心胸再如何宽广。正所谓"随风潜入夜，润物细无声"，尽管一开始没有人将玩笑当真，但当玩笑不断传播和发酵之后，它就真的不受我们控制了。当玩笑发展成一种恶意攻击和尊严伤害之时，我们再想挽回，那么就事倍功半了。到时候，成为玩笑风暴中心的我们，无论再做出何种解释，恐怕也很难让其他人信服。

所以，当我们与朋友聚会之时，如果感受到玩笑已经超出正常范围，就应该义正词严地拒绝。当然，这份拒绝，应当是有技巧的，而不是因为拒绝反而影响了彼此的关系：

1. 善意地提醒对方玩笑有些过火

通常来说，绝大多数的玩笑并非刻意而为之，只是朋友们无心之中将其有些放大，从而冒犯了我们的尊严。所以，我们不妨这样与对方交代："不要再开我玩笑啦，我不是很习惯这个玩笑，这让我感觉有点不舒服了。"同时，我们应该面带微笑地看着他说，让他从你的眼睛里感受到这是自己的内心流露。相信这样的语言，会让朋友意识到自己的玩笑的确有些过火，因此不再继续下去。

2. 严词拒绝，捍卫尊严

如果，对方的玩笑已经超出了你的心理承受范围，甚至牵涉到了与自己无关的人，这个时候，我们一定要站起来，严词拒绝对方的这种玩笑。比如，你可以说："好了，这个玩笑到此为止，如果传出去让人信以为真，恐怕大家都有麻烦。"我们的语气不妨适当严肃一点，这样会让对方感受到问题的严重性，从而避免玩笑进一步传播。

3. 自己不开过分的玩笑

想要拒绝别人的玩笑过分，那么自己在开玩笑的时候，同样也要注意分寸。开玩笑本身没有错，但是如果不注意分寸，就很会导致人际关系出现裂痕。所以，注意自己的措辞，观察对方的表情，这样才能避免伤害别人，更让自己被开玩笑过度时有说"不"的权力。倘若你平常开玩笑就很过分，又怎么有底气要求别人不要开玩笑？

4. 如果忍无可忍，请无须再忍

有的时候，我们会遇到这样的人：无论如何暗示、提醒，他依旧没有理解你的意思，依旧开着玩笑。尤其，这种玩笑带有明显的恶意。这个时候，我们就不要再忍耐，不妨语气严厉一点地说："好了，到此为止！这个玩笑非常没有意思！"这样充满力度的语言，会让对方感受到你已经被严重侵害。不过，这种方式还是尽量少用，避免产生摩擦。

当然，最后依旧需要提醒的是：对于一些大家一笑而过的玩笑，我们不必要太过较真，否则会给朋友带来难堪，反而更加影响人际关系。但是如果玩笑超过限度，或无休止地开下去，那么就应该站出来，和这种玩笑说"不"！

给自己的几个实用技巧与案例

长久以来，我们都没有说"不"的勇气，终于，我们下定决心，想要改变自己的这种状态。当然，先不要着急，拒绝不是一句话的事情，它不仅需要我们组织好完美的语言，更需要找到合理的借口，以及可以让人信服的肢体姿态。倘若不假思索地就说"不"，那么不仅不能取得效果，反而还会让对方误以为你是刻意找麻烦，更加引起对方的反感。

这一节，我们会传授几招非常实用的拒绝技巧给大家，同时配合相关案例。也许我们无法通过这些案例照本宣科，但是通过案例，我们将会建立全新的拒绝思维，为未来的说"不"打好基础！

1. 通过他人的话语进行拒绝

孙翔是一名电动车销售人员。这天，他的朋友小李来找他，说想要买一台电动车。不过看来看去，小李都不满意，于是就说："孙翔，要不然你带我去仓库看看吧？"

面对朋友的这种要求，孙翔也不好意思直接说"不"。不过他知道，小李其实今天根本没有准备买电动车，只是实在闷得无聊，想找些乐子罢了。孙翔灵机一动，说："昨天还行，今天是真没办法了。昨晚刚开会，经理说以后顾客禁止进仓库，否则罚款！"

听到他这么说，小李只好放弃了去仓库的请求。

巧妙找到一个挡箭牌，有时候我们就能轻松化解一些过分的要求。领导、家人、同事，这都是我们可以巧妙利用的挡箭牌。

2. 强调自己同样身处窘境

小姜和小毛是老乡，他们都在城里打工。这天，他们找到同一个村、同样在城里打工的小常，诉说打工的艰难，说既租不到合适的房子，也住不起店。

小常明白，这两个人是想要在自己这里借宿。他听完，说："是啊，城里不比咱们村里，真的是一寸土一寸金。你看，虽然我买了这两室一厅，但孩子马上就上小学了，爹娘也跟着我在这儿，估计孩子马上要睡沙发了。哎，你们来看我，我很感激，咱们啥也不说了，好好喝顿酒！"

听到同乡这样说，小姜和小毛也不好再说什么，吃了一顿饭后知趣地离开了。

不用直接否定的方式，而是暗示对方自己同样处于窘境，这样对方便很难再开口，说出自己的请求了。

3. 含糊回避，不做明确答复

有一次，庄子因为囊中羞涩，便找到监河侯借钱。监河侯想了想，说："好！再过一段时间，等我去收租收齐了，就借你300两金子。"庄子一听，哈哈一笑，没有再提借钱的事情。

监河侯的回答很有水平，他没有说不借，也没有说马上借，一下子就给庄子带来了这样的暗示：目前我没有，不能借给你；过一段会借，但具体是什么时候，并没有直接说明。这种含糊式的拒绝，让人会立刻明白这是一种委婉的说辞，很难有人因此而生气。所以，巧妙运用含糊的技巧，同样可以起到很好的效果。

4. 借助其他事物幽默拒绝

有一年，一个人想要邀请庄子去做官，并不断强调当官如何好。谁知庄子听完后，却这样说道："你看到太庙里那些牛马了吗？在他们还没有成为贡品之时，整天吃着最好的饲料，这是其他禽兽比不了的。但是到了太庙，它们立刻被宰杀，而再看看其他牛羊，还在河边吃着草呢！它们再风光，可是连命都没有啦！"那个人听罢也哈哈大笑起来，从此不再勉强庄子。

幽默的拒绝最有效力，毕竟"伸手不打笑脸人"。并且，幽默还能够让对方的情绪得到缓解，不会因为你的拒绝而产生怨恨心理。

5. 巧用"惯例"作为借口

潘静是一个漂亮女孩，经常被很多男孩所追求。这天，她参加一个宴会，旁边正坐着一个男士。这位男士主动和潘静攀谈了起来，出于礼貌，潘静也和他进行着交流。不过，随着交流的深入，这个男士似乎变得有些激动，话说得开始语无伦次。甚至，他还问起潘静："请问您结婚了吗？"

很显然，这个男士在试探潘静。潘静笑了笑说："先生，我知道有这样一个惯例：对于男性，不要打听收入；对于女性，不要询问婚否。我想，这个问题我不能回答你，请见谅！"

简单的一句话，让那个男士明白了潘静对自己没有意思。不过，他没有生气，而是很佩服女孩这样的答复。

借助"惯例"为借口的答复方式还有很多，例如公司章程有规定，相关协议有要求，等等，都可以轻松拒绝对方一些不合理的要求。并且，这种答复让对方也找不到任何不合理的地方，所以只能接受你的拒绝。

6. 先退后进拒绝法

彼得是一家贸易公司的总经理，这天他设计了一个商标，并进行会议征求意见。他说："这次我设计的是一个龙，它很凶猛，我相信很多人都会喜欢这样充满力量的商标的！怎么样，大家是否喜欢？"语气里，透出了不容置疑的态度。

谁知，这时候名叫格林的年轻人站了起来，说："彼得，你的这个设计的确很漂亮，非常符合当下的美学。不过，我只是觉得它太完美了，太过充满力量了。"

彼得惊讶地说："这是什么意思？你能否解释一下？"

格林说："彼得，不要忘记我们公司的重要市场在东亚。但据我所知，东亚的很多国家都很崇拜龙，例如中国、日本等，都有把龙作为图腾去膜拜的习惯。而这条龙虽然孔武有力，不过它的爪牙太过锋利，整个画面也过于强势，反而透出了一丝邪恶，这不是东亚很多民族喜欢的。恐怕投放到市场，反而还会引起不必要的麻烦。"

"天哪，我怎么没有想到这些！"格林大声说道。随即，他否定了自己的创意。

试想，如果格林直接拒绝彼得的提议，必然会引起彼得的反感。毕竟，彼得是带着"必然通过"的心态召开这个会议的。所以说，有时候我们为了拒绝，不妨先赞同对方的意见，然后再婉转地提出自己的建议，这样既让对方感到舒服，也让否定的理由变得更顺滑，而不是生硬地"不"。尤其是面对权威人士或领导之时，这种方法就更有效果。

总而言之，其实逐渐学会拒绝的方法和技巧有很多，但是前提是：我们要有敢于去说"不"的心态。否则，肚子里有再多的计谋，遇到事却依旧只会"是是是，好好好"，那么我们再次遇到事情时，只能又一次选择默默接受。

Part 2
当你不敢拒绝的时候，你在怕什么

　　"拒绝"这两个字看起来简单，但想要做起来却难之又难。因为，我们内心有太多的恐惧，生怕这两个字说出来时，伤害到别人、害怕和人争执、害怕得罪了人……的确，因为不恰当的回复，我们在说"不"的时候容易与其他人起摩擦，但是正因为如此，我们才应该学习掌握正确的拒绝技巧，从而驱散内心的恐惧和不安，把"不"字说得让人信服！

不敢拒绝别人，受伤害的只有自己

为什么，我们不敢拒绝别人？倘若将这个问题抛给"不愿说'不'"的群体，相信我们一定会听到这个答案出现的频率最高：

因为我害怕伤害了别人！

来看这样两个案例：

案例一：

周通今年29岁，从北京某大学毕业，在一家外资企业里任职。很多人都觉得，周通的生活很顺畅，从一个小城市出来，在北京站稳脚跟，还有一个漂亮的女朋友。所以，周通是很多朋友的榜样。不过，周通却并不这么看。有一次，他和一个心理学的朋友透露："我其实经常感觉自己特别窝囊。和朋友有时候有分歧，还没说两句，我就蔫了，不再说话。你别看我文质彬彬，其实我的心里一点也不好过！和女朋友也是一样，每次都是我让着她。我越是客气，其实就越是痛苦，但是我没法发泄！"

朋友很惊讶，问他为何不与朋友进行争论，拒绝朋友呢？周通懊恼地说："因为我害怕伤害他们，害怕伤害到我们的友谊。你说，即便我据理力争，到头来是我对了，可是又能怎么样呢？背地里，他们会不会觉得我太过咄咄逼人？"

案例二：

周通还有一个朋友，名叫王峰。这个年轻人，也因为一件事而无比纠结。有一次，他在酒后和朋友说："我现在根本不愿意回家，因为我女朋友天天和我逼婚。我觉得，自己还在上升期，等工作真正稳定下来，再好好举办婚礼。可是，哎，她天天缠着我问我是不是可以结婚了，我看着她的样子，根本就不敢说稍等两年。你们根本不知道，我这种痛苦！"

朋友无奈地说："可是，你也没必要为完全不伤害对方情感，就这么委屈自己啊。还是有办法解决的……"

王峰打断了他："根本没有，我根本不知道该怎么办！我现在在外面天天喝酒，就是为了喝个烂醉，回家就可以直接睡了！"

现实中，如周通和王峰这样的人，丝毫不在少数。这些人有一个明显的特点，那就是：不做出拒绝的决定，并非是因为理性的分析，而是出于害怕，害怕伤害别人。

所以，为了保证他人不受伤害，他们就呈现出一种似乎什么都可以接受的姿态。潜意识里，他们会幻想这样的画面：一旦说出了"不"，那么对方一定会变得暴怒不已！正因为如此，他们只好选择委曲求全，选择了答应，选择将痛苦留给自己承受。

一次、两次如此，这本不是什么大事。生活于世，谁没有受过一点委屈？但如周通和王峰这样，长期压抑自己的情绪，甚至带着胆战心惊的心态去生活，那么会导致怎样的问题？轻则，变得毫无自主能力，无论做什么事情，都要依赖他人；重则，产生严重的心理问题，出现抑郁、狂躁等精神类疾病。结果到头来，伤害的只有自己！

相信没有人，愿意走上这样的一条路。那么，我们究竟为什么会变得如此？一方面来说，这是从小的习惯造成的——小时候，因为很多事情都是由父母做主，所以我们习惯了听取别人的意见。如果这种情况没有在青春期阶段得到纠正，那么走进成年期后，这就会发展成为一种心理障碍，从而呈现出一种懦弱的性格。

是的，你总是担心拒绝会伤害别人，这正是一种懦弱的体现，一种心理不成熟的体现。

而从另一方面来看，则是因为自己根本不懂得如何正确地拒绝。试想，你一开口，就是"不对，你说的都是错的！""不可以！你这么做就是自找苦吃！"这样的回答，怎么可能不伤害对方呢？

所以说，想要改变自己不敢说"不"的情形，一方面，要从习惯入手；另一方面，要从拒绝的方式入手。以下几点，我们一定要牢记在心：

1. 尝试着换一种说法去拒绝

很多时候，我们可以用一种较为缓和的语气进行拒绝，这样对方就能感受到被尊重。例如，当想要否定朋友的某个看法之时，不妨这样说："的确，你说的是有道理。可是这中间有一个小细节，是咱们都忽略的……"这样一来，你不仅回绝了对方，还用"咱们"这样的字眼儿将彼此连系在一起，这就会让对方感受不到你的敌意。这时候，你再去阐述自己的一些观点和道理，对方就会很容易接受。

同样，对于婚姻之事，倘若案例中的王峰可以这么说，也会取得很好的效果："亲爱的，我很理解你的心理。但是，现在我们都还在初级、上升阶段，并没有完全稳定下来，这个时候如果大办婚事，咱们必然开销不小，不是咱们可以承受的。当然，我不会辜负你的，要不然我们先领证，暂时不大办婚礼，然后等好一点了再给你风风光光地补上，亲爱的，你看怎么样？这样，我就永远属于你了！"

这样的语言，既透出了一丝甜蜜，又说明了现实情况，还能够拒绝另一半的逼婚，怎会伤害对方？

2. 明白"对方生气不全是你的错"的道理

其实，我们要明白一个道理：有时候即便你的拒绝很合理，对方依旧生气，但这并不是我们的错。面对这样的情形，我们不要产生内疚之情，因为有的人就是如此蛮不讲理，例如一些带有"公主病"的女孩，或是那些从小被娇生惯养的男孩子。面对这种人，拒绝虽然让他感到受伤害，但这是他自己造成的，并不是我们的错。

以下这几种情形，说的就是这类人。对于他们，即便拒绝让其不高兴，我们也应该毫不犹豫。相信如果有一天，他们学着开始长大和成熟之时，再回想曾经做过的种种举动，对你的怨言就会烟消云散：

（1）为了满足一时私欲，让我们做违法犯罪之事之时。例如想要不劳而获，要求我们帮他作假办信用卡。

（2）对方可能侵害我们的利益之时。例如一次次地找借口，想要让我们把房产证交给他。

（3）对方处于完全愤怒的状态，指挥我们去做某事之时。例如他与其他人起了争执，要求我们带着人去教训对方之时。

（4）当自己同样处于窘境，对方却丝毫不体会之时。例如我们和情侣最近出现严重的摩擦，他却执意要来家里打牌喝酒。

（5）当提出的要求无关紧要，却又很打扰别人之时。例如半夜给你打电话，让你帮忙去超市买零食。

（6）当他明知道我们无法做到，却依旧任性要求之时。例如我们只是普通打工者，却开口就借款几十万。

"我是渺小的"——自卑让你产生拒绝的恐惧！

性格内向，害怕驳人面子，朋友帮忙，协助同事，老板要求，不愿惹麻烦……

在很多不敢说拒绝的人的嘴里，解释为何不敢拒绝时，相信以上这几个关键词，都是最长出现的。但事实上，如果一针见血地说明，那么只有一个词——自卑！

自卑，是世界上最可怕的名词。因为自卑，我们不敢表达自己；因为自卑，我们甘愿站在人后；因为自卑，即使有了机遇，我们不敢抓住。

因为自卑，我们不敢和任何人说"不"！因为在潜意识里，我们是这样告诉自己的：万一我拒绝了，对方生气怎么办？万一我拒绝了，事情不能进展怎么办？万一我拒绝了，所有人都怪罪我怎么办？

一系列莫名其妙的自我暗示，让我们产生了这样的心态："我是渺小的。"是啊，一个渺小的人，怎么能够反对别人的意见呢？正如一名小士兵，怎么可能拒绝将军的要求？所以，在自卑的作祟下，我们变得愈发懦弱，愈发敏感，愈发不敢拒绝任何人，生怕惹人生气，生怕搞砸事情。

可是，事实上真的是这样吗？

郑会龙是一名医院理疗部的医生，平常主要负责给一些病人进行按摩，以此活血化瘀、调理肌体。在医院勤勤恳恳的他，很少发表自己的意见，只要主任说什么，他就照做。

这一天，主任对他说："小郑，这个病人的原因，应该是颈椎造成的，你给他做一个疗程的按摩，怎么样？"

然而，通过片子，郑会龙却发现这并不完全是颈椎造成的，病人的腰椎同样有一定问题，才导致了病人的病痛。但是，郑会龙却并没有指出，而是低声地说："好的，没有问题。"

为什么，郑会龙不敢拒绝主任的要求，提出自己的见解呢？因为郑会龙意识到："也许是我看错了呢？我什么水平，主任什么水平？我不过一个小医生，有什么资格怀疑主任的能力？万一我指出来，结果发现是我错了，那多丢人！"

就这样，郑会龙按照主任的要求开始了按摩。但事实上，他的看法才是正确的。结果，因为判断出现偏差，这位病人不仅情况没有好转，反而进一步恶化，病人一怒之下选择了转院。而就在转院的那一天，主任才意识到自己错了，更让主任大吃一惊的是，郑会龙此时才说出自己的看法。

"小郑，为什么当时你就发现我出错了，结果却不说话？"

看着有些生气的主任，郑会龙小声说道："对不起主任。我原本以为，我只是一个刚刚工作没多久的小医生，水平有限，肯定是自己判断错了……"

主任叹了口气说："小郑，从进入医院到现在，你一直都有些自卑，这影响了你的工作发挥。事实上，你在医学院的成绩，一直都是名列前茅的！我是主任，但我也是人，也有看错的时候！这个时候，你就应该站出来，否定我的诊断，说出自己的意见，这样你才能成为一名优秀的医生！"

"主任，我真的行吗？"依旧有些不自信的郑会龙问道。

"当然可以！记住，你是医生，在你的工作岗位上，没有人比你更专业，哪怕是我！学着自信起来！"主任拍着郑会龙的肩膀说道。

在主任的鼓励下，郑会龙开始逐渐摆脱自卑，会议上开始发表自己的意见，遇到一些问题时，也敢在阐述自己的观点后拒绝领导的要求，并提出自己的合理意见。如此地过了很多年，郑会龙在精湛的医术和良好的口碑下，顺利成为了新一届的主任。

从郑会龙的身上，我们能得到怎样的感悟？

——如果他一直自卑下去，那么永远只知道接受主任的要求，没有自己的思维，永远只是一个小兵；

——如果主任出现错误，他就不可避免地走上错路，即便有自己的看法，一旦出现较为严重的医疗事故，他同样负有责任；

——如果他永远不懂得拒绝，那么仅仅只是医院的一台设备，工作毫无快乐，只是机械地上班下班，最终对自己的本职工作产生极大的排斥。

值得庆幸的是，郑会龙的主任是一个很开明的领导，所以在一番交流和开导后，郑会龙开始学得自信，开始尝试拒绝，最终一扫自己身上的自卑感，走出了另一番天地。

现实中，郑会龙这样的人在少数吗？当然不。虽然职业不同，但太多的人因为自卑不敢表达自己，不敢尝试拒绝，失去了扭转乾坤的机会，失去了晋升的机会，失去了收获爱情的机会，失去了成就梦想的机会。

所以，想要敢于拒绝，那么我们必须要做的事情就是——驱散自卑感。以下这几个方法，我们不妨多参考：

1. 学会咧嘴大笑

自卑的人习惯收敛情绪，即使遇到开心之事。所以，学会咧嘴笑，这是扫除自卑的关键。和同事一起分享了一则笑话，这时候我们就不要隐藏自己的情感，畅快地笑出来。只有真正的笑，才会扫除内心的拘谨，同时也给他人留下大方开朗的印象。当你开朗了起来，自然就会敢于和他人交流，这时候就给拒绝奠定了基础。

2. 学会肯定自己

自卑的人，总是觉得自己这里不好，那里不对，觉得自己不如别人。这个时候，我们就应该学会肯定自己。例如，每天对着镜子和自己说：虽然我的外貌不是最完美的，但是我却是独一无二的！我同样可以用自己的表情，散发出自己的魅力！

再如，如果觉得自己因为身高问题自卑，那么可以告诉自己：拿破仑同样不高，但也创造了自己的奇迹！我，也能够成就自己的梦想！

当这种积极正面的暗示逐渐增加时，这时候你就会发现：原本困扰自己的缺陷，已经很难再影响到自己了！当你可以带着积极的心态面对他人之时，又怎会担心不敢说出"不"？

其实，想要摆脱自卑的方法还有很多，例如鼓励自己参加群体活动尤其是才艺表演，多去和朋友走出户外感受生活，尝试着在众人面前发表自己的意见，等等。当我们敢于走出第一步并不断地走下去时，当自信的心态注入体内之时，我们就敢大胆地说出"不"字了！

"好吧，我输了！"——害怕坚持，选择妥协

有一种人，天生有一种怯懦，遇到事情总是习惯说"对对对"；还有一种人，他们在遇到不合理的事情时，总是会第一时间站出来，坚定地说："不，我不同意你的观点，我另有看法，请听听我的见解！"

表面上看，这种人很懂得据理力争，懂得拒绝，然而没曾想的是：随着时间的流逝和争论的进一步深化，他们最后却选择了妥协。"好吧，我听你的。"每每到了最后环节，他们用这样的一种态度，选择了偃旗息鼓。

为什么会如此？为什么一个原本敢于说"不"的人，却到最后时刻被妥协之人附体？让我们看这样一则案例：

杰克逊是美国加州人，今年40岁的他早已成家立业，生活可谓很惬意。按道理来说，这种人的生活应是非常完美的，但是杰克逊却说："我也有我自己的苦恼，并且很严重！你们谁都不知道，其实我不是一个一直很坚定的人。很多时候我可以和人据理力争，但最后还是被他们说服了。"

一个朋友听他这样说，不禁有些好奇，问道："那么，你在最后想到了什么，让你选择这样？"

杰克逊沉思了一会儿，说："也许，是我的年纪大了，害怕惹麻烦？过了35岁之后，我总是觉得说话做事应该认真小心，尽可能不要轻易答应别人。但是，当我真的拒绝又引起对方的争论时，我又觉得，这样做不是更给自己惹了麻烦吗？我想，牺牲点自己的时间，也不想和别人起摩擦……"

朋友惊讶道："那么，你一定活得很痛苦！"

杰克逊懊恼地说："是啊，你们有谁知道，在圣诞节假期的时候，同事们去度假了，我却还要在办公室里待着，帮助他们去分担工作！而我的妻子和孩子，我却没有时间陪！这种感觉糟透了！"

按理说，一个一开始敢于拒绝与否定的人，不会存在太多的心理问题，可是为什么，杰克逊却总是在最后时刻放弃自我？其实，从他的话里，我们已经找到了答案——厌恶争执，害怕惹麻烦。这种心态，导致了这类人习惯性放弃，最终依旧被各种无理的要求所束缚，终日生活在痛苦之中。

事实上，如杰克逊一般不能够坚持自我的人，现实中还有很多。有学者通过调查发现，国内高达百分之七十的人，都不能够从头到尾坚持自己的观点。很多人在经历了反驳、争论后，选择了不再说话，选择了妥协。因为，那个时候他们的脑海里会浮现这样的观点："何苦再争论呢？在拒绝下去，我估计就要得罪对方了……"

担心因为自己的态度让对方生气，于是乎，原本敢于侃侃而谈的我们，不得不选择委屈自己。而更可怕的心态，是得过且过，正如杰克逊一般。不再拒绝的另一个原因，是认为所有事情都能承受，哪怕私下的自己陷入了无尽痛苦。

是的，你选择了放弃，收获的却是痛苦——丧失自己的时间，丧失与家人合欢的机会，丧失了原本独立的人格。

既然感到了痛苦，那么我们为什么不尝试去改变？试着去学习以下几种方法吧，摆脱那种最后时刻习惯性放弃的毛病：

1. 为自己的拒绝做好规划

很多习惯性放弃的人，不是因为不能坚持，而是因为他的所有拒绝都是临时起意，结果在交谈的过程中逻辑越来越乱，最终被对方说得哑口无言。为此，我们应该制定详细的规划，在交谈的时候，能够理清自己的见解，这样才能避免被对方完全压制，丧失气场。

当然，我们不可能在交谈的过程中，拿出笔纸开始分析自己的思维。我们应当做的，是不要太过着急去阐述，而是不妨在对方讲完一段后暂时思考片刻，给自己一个冷静思考的空间。记住，有的时候反应过快并不是好事，刹那间的停顿与思考，反而更能够让我们想明白问题。

2. 培养自己的毅力

毅力不足，也是习惯性最后放弃人士的一个缺点。所以，我们就要对毅力进行培养。我们可以参加一些小型公开辩论会，因为在辩论会上，是不可能允许一方提前妥协的，用规则来强化自己的毅力，不失为一种好方法；同时，我们还应该经常参加各种体育锻炼与比赛。体育与交谈表面上看毫无关系，但体育同样讲究"不放弃"，所以多参加体育比赛，可以培养自己坚韧的毅力，这在无形中也能够用于自己的拒绝之中。

3. 必须燃起自己的信心

坚持到底，一个最关键的心态是什么？自然是信心！有了信心，你才能相信自己的能力，也相信自己的回答是正确的。唯有如此，你才不会低声下气，最后被别人说服。没有信心你根本无心拒绝，老早就逃到了很远的地方，连拒绝的机会都很难拥有。

想要提升信心的方法有很多，但最简单的一个就是每天早晨起床后，对着镜子掷地有声地说："×××，你能行的！相信你自己！"尝试着这样做吧，用不了多久你就会发现，自己早已不是那个懦弱的人！

4. 激发成功欲望，多感受成功的美妙

激发成功的欲望，同样是解决最后放弃的好方法。因为，习惯最终放弃的一个原因，是因为对胜利没有追求，总是一副得过且过的样子。试想，一个对成功总抱有极大热情的人，怎么可能会在最后时刻放弃？

那么，该如何激发成功欲望呢？最好的方法就是多感受成功的美妙。体育比赛的成功，会让你感受到众人为你的欢呼；一场游戏的胜利，也会让你赢得队友们的掌声。更何况还有一些诸如企业内部竞赛的赛事，不仅可以赢得赞扬，更能够赢得奖金和荣誉。这些活动，都是让我们感受成功美妙的最佳渠道。当我们体会到了原来战胜对方是一件酣畅淋漓的事情，这个时候又怎会选择向对方妥协？

总而言之，想要成功拒绝他人，就要摆脱恐惧的心态，让自己一开始的坚定延续下去。有了坚持到底的习惯，你就不会轻易妥协，而是在关键时刻大声说出"不"！当你的拒绝越是坚定，对方的气场也将逐渐降低，最终反而被你所说服！

怕伤了别人？那就给拒绝找个理由

在很多人眼里，我们是一个好人。脾气好，说话好，性格好。"好人"，成了我们身上最大的标签，久而久之我们自己也习惯于

此。所以，当我们听到有朋友、同事向自己求助时，第一时间想到的就是："毕竟人家来找我，我如果拒绝的话，肯定让人家觉得不舒服。并且，我经常帮助人。所以，只能帮！"

诚然，这样做你没有伤害别人，可是自己呢？也许某一件拜托早已超出你的范围，但你不得不硬着头皮地去完成。为此，你不仅要拉下面子求助他人，还要花费大量的时间，结果到头来只落了个"好人"的口头奖励，却让自己折腾得够呛。

更有甚者，还因为不想伤害别人，结果给自己的身心都带来巨大伤害。下面这个案例，相信很多读者读完之后，一定也深有同感：

周舟和方虎是两个年轻的销售员。做销售工作，不免就要经常和客户打交道，有时候还要喝酒，久而久之，这两个年轻人的身体都出了点问题。医生嘱咐他们，不要再喝酒了，否则接下来会有更多的问题。

随后的时间里，周舟开始控制自己的喝酒。如果可以拒绝，他就尽可能不喝。前一段时间，他一直和客户这样拒绝："诸位仁兄还不知道吧，我家里那位可是一个母老虎，我这么酒气熏天地回去，万一她'河东狮吼'起来，我还不得跪搓衣板啊？"这么一说，客户们觉得他很可爱，就自然不再多劝了。

而这一段时间，他又换了一个说法："各位哥哥们，最近实在不能喝了。你看我这结婚都两年了还没要孩子，老婆都要和我闹离婚呢！等老婆怀孕了，我再陪大家好好喝！"这样一说，大家也是哈哈一笑，也不再继续勉强他。

但反观方虎，他却依旧如过去那个样子，总是陪客户喝到尽兴。有时候，他也会说上两句推辞的话，但是说得毫无底气，结果还是被灌得烂醉。有一次他执意不喝，结果对方非常不高兴："小方啊，你说你一个年轻人，喝杯酒怎么推三阻四的！我看，你这是很不给面子啊！"

其实，对方也只是一句玩笑话，但是方虎却吓得慌了神，端起杯子一饮而尽。总是频繁地喝酒，让小方的身体和精神都濒临崩溃。终于，有一次他因为喝酒导致急性肠胃炎住院，躺在病床上，他对自己这两年来的生活感到无比懊悔。

就是因为怕伤了别人，所以方虎来者不拒。结果，他把自己送到了医院。而反观周舟，为什么他可以在拒绝的同时，依旧能够与客户谈笑风生？

所以说，你总是害怕因为拒绝伤害了别人，但其实大错特错！事实上，人是综合性很强的高级动物，用一种固定的态度来应对所有事，这显然是有悖常理的。想想看，当我们在求助别人时，是否也曾被拒绝过？那么，我们是否感到了被伤害，感到了没面子？

恐怕，我们能够想到的，少之又少。所以说，因为害怕伤害对方而不敢拒绝，这只是一个心魔，一个一击即溃的心魔罢了。

当然，也许你会说："可是为什么我拒绝了，对方却显得很不高兴？"

再看看案例中的周舟吧。为什么，他的拒绝能够被客户接受？很简单：我们要做的不是生硬刻板地拒绝，而是给拒绝找个合适的理由！想想看，那些生活中拒绝过你的朋友，是不是也是如此？有几个人会生硬地说"帮不了，你找别人吧"？

所以，驱散心魔，是为了敢于拒绝；而给拒绝找到合理的理由，这是轻松拒绝的关键所在。当我们可以在谈笑风生中拒绝，并且也赢得了对方的认同和会心一笑，久而久之我们就有了敢于拒绝的自信，这个时候我们还怕什么？

接下来，我们要找到合理的方法，破解自己的"心魔"。下面三个方法，都可以在拒绝时，完全不伤害对方：

1. 提前做好预备

如果在对方开口之前，你已经了解了对方想要求助的内容，这时候你不妨先发制人，让对方无法开口。你可以借口自己接下来有要紧的事情忙，或者表现出自己也在烦恼之中，例如，你得知一个朋友来找你帮忙去买火车票，你不妨在他开口之前先说："我今天有一件着急的事儿要去办，估计回来就要晚上了。我先不和你聊了，事情还比较着急！"这样一来，朋友自然理解你的难处，不好意思再找你买火车票，而是另想他法。

2. 找出替代方案

在拒绝的同时，如果我们可以提出替代方案，那么同样能够让对方轻松接受。例如，朋友三缺一邀你一起打牌，这时你不妨说："真不好意思，我今天有一个要紧的事儿要去忙，临时调整实在来不及了。明天打吧？如果是明天，我倒是没有问题。"这样，就不会伤到对方。

3. 拒绝的谎言一定要周密

有时候，我们不得不用谎言来拒绝，这本身无可厚非。但需要注意的是，我们的这个借口一定要周密，切莫弄巧成拙。例如，你和朋友聚会想要提前走，便借口另一个朋友找自己帮忙。谁知，另一个朋友也在这家饭店吃饭，这就很伤害对方了。

所以，我们在找借口时，要尽可能想得周密一点，最好以不在场的人做挡箭牌。一来，这样可以让借口更加信服，二来对方也无从辩驳。如果有可能，你应该和第三人打个招呼，说明具体情况，以免将来求助人与他见面时聊起此事，第三人却完全不知，这时候我们就会将这两个人都伤害了。

总而言之，想要敢于说"不"，首先，你要摆脱"拒绝会伤害对方"的心态，正视拒绝的必要性，这样我们才有敢于说"不"的勇气；其次，我们要掌握一定的技巧，给拒绝找个理由，这样才会让对方心服口服。很多时候，我们与对方起了摩擦，并非是因为拒绝，而是因为我们的语言不得当。唯有采取合理的理由去拒绝，这样我们才会避免因为拒绝而树敌。

是不是你的态度，让你不敢再说"不"

每个人，都有想要拒绝他人的时刻。例如，在遇到超出自己范围能力或不能按时完成工作之时，再如朋友的要求已经超过了自己的底线之时，这时候，有一些人就会态度不好地回答道："不！这件事我做不了！你找别人去吧！"

我们原以为，一个简单的"不"字，就能将别人的要求拒之门外；谁曾想，对方听完这样的话后，反而变得有些生气，甚至愤怒。敌视的情绪，迅速在对方的身上生成。这个人，也许是我们最好的朋友，也许是我们的领导，也许是我们的家人。看到此，我们有些惊慌失措："怎么回事？难道我的拒绝惹了大祸？"

也许过了很久，我们才知道其中的原委。这时候，我们一定会大声惊讶道：原来拒绝会导致太多的问题！那么以后，我又怎么敢拒绝呢？

李尚明是公司里的一位新员工，他非常踏实和认真，但有一个习惯让人琢磨不透：无论谁的要求，他几乎都是无条件答应，哪怕和自己毫无关系。甚至有一次，同事开玩笑说让他帮忙在周末洗衣服，结果他第二天二话不说拿着一个收纳箱就来了，让同事把脏衣服装起来。

李尚明的领导看到此，觉得很奇怪，便把他叫到了办公室，问他为何如此？李尚明吞吞吐吐地说："领导，我的确也想拒绝，可是就怕……哎，我和您说，上个单位的时候，我也遇到过这种情形。结果我不愿意，谁知道那个同事发动所有人孤立我……人家是个老员工，我是有苦难言，最后不得不辞职。现在，我是怕了，能不拒绝，我尽量不拒绝……"

领导好奇地问："这怎么可能？你是怎么拒绝的？"

李尚明讲出了那件事的原委：

那天，李尚明正在忙一份重要的报表，这时候那名老员工说："小李啊，中午帮我带份饭！"李尚明想也没想，大声说道："没工夫！你没看见我正忙吗！"

李尚明原本以为，这件事就这样过去了。谁知第二天，这位老员工就不断找茬，最终他不得不选择离职。

听完李尚明的话，领导意味深长地说："哎，看来你是怕别人生气啊！其实，不是拒绝的错，而是你的态度，让你变得不敢拒绝了！"

李尚明正是这一类人的代表：他们不是没有拒绝过，但是正是因为不当的拒绝，让对方产生了敌意，结果导致了一系列不可想象的事件发生。正是因为给对方带来了非常不好的印象，所以，我们再也不敢说"不"，再也不敢拒绝。

与自卑、怯懦不同，因为曾经的态度而不敢拒绝的情形，更像是"一朝被蛇咬，十年怕井绳"。害怕别人的敌意再一次出现，给自己带来无穷无尽的麻烦。但事实上，这种不敢拒绝的心态，其实比自卑与怯懦更好克服，那就是只要找到合适的方法，那么我们就敢再一次拒绝！

其实通过案例我们可以发现，李尚明之所以在第一次拒绝时被敌视，正是因为他的态度过于急躁，给人带来了非常不好的印象。他既没有说明自己的原因，又用一种较为严厉的口吻进行回复，对方自然会认为这是一种攻击性的表现。但是，如果李尚明可以换一种态度，用较为温和的口吻去拒绝，效果就会大不相同。

那么，我们该如何进行训练，学会和颜悦色地说"不"呢？

1. 放下手中的工作，看着对方

表示拒绝，不仅只是语言这么简单，身体与眼神也同样重要。在拒绝对方时，我们应当放下手中的工作，面对对方，这样才能体现出尊重；与此同时，我们还应该眼睛看着对方，让身体动作与语言传达出一致的信息，还要注意眼神流露出的色彩。试想，如果你的眼神左顾右盼，流露出一副不自信或敷衍的样子，又怎么可能让别人愿意接受你的拒绝？

2. 用肯定的方式说"不"

学会用真诚的态度传达信息，这是避免引起对方不必要误会的关键。例如，一个朋友向你借钱，但是你的确不能借时，你不妨先真诚地肯定："我知道，你最近挺难，家里事情也不少，的确需要用钱。"然后再简短地说出自己的拒绝："不过，最近我也是刚刚有一笔很大的开销，现在也是到了捉襟见肘的时候，所以，暂时我真的没办法，也请你体谅一下我。"必要的时候，你还可以将手搭在朋友的肩膀上，这样更能增加真诚的效果。

3. 引起误会时及时道歉

案例中的李尚明，还有一个错误就在于：明知道自己的态度引起了对方的不满，却依旧毫无表示，这无异于更加火上添油。试想，如果他能在第二天找到那位前辈，说明昨天是因为当时手头过忙实在无暇交谈与工作以外的话，才显得有些急躁，并做出道歉，那么前辈又怎会为区区的一件打饭之事而计较？

所以，当我们的拒绝态度因为生硬而引起对方误会时，我们一定要第一时间与对方进行沟通，说明原因表明态度，让对方理解自己当时并非是带着蛮横的心态说"不"，这样我们就不至于给自己树敌。如此一来，即便未来依旧有拒绝，对方还是会理解我们的情况。

4. 提高自己的修养，控制自己的情绪

很多在拒绝时态度较为不好的人，在平常生活中也都是脾气急躁的人。所以，根本的方法，还是需要提高个人修养，这样才能避免过于生硬的语气。我们可以多看书，多参加一些有意义的活动，通过待人接物提升自己的修养，并学习其他人的交流方式。接触的高档次的人越多，我们也就越能学到一些语言、行为上的技巧，从而降低内心急躁的情绪。

更重要的，则是学会自己控制情绪。无论遇到谁，遇到什么事情，我们首先要做的是平静下来，听完对方的话语再张口。即便对方提出的要求非常不合理，我们也应该默念三个数，将情绪稳定一些后再拒绝。否则，一而再，再而三因为自己的态度惹恼别人，不要说拒绝，恐怕连正常的交流也成了奢望！

优柔寡断，制约了你的拒绝

不懂拒绝，是因为我们恐惧。而之所以恐惧，是因为在做出选择之前，我们总是有太多的优柔寡断。很多人都有这样一种习惯：在说"是"或"不"时，我们总是反复权衡，一直都无法做出割

舍，前怕狼后怕虎，最终丧失拒绝的时机，结果到头来后悔莫及。

之所以在做出决定之前优柔寡断，这与一种心理效应有关——布里丹毛驴效应。这个效应，正是由法国哲学家布里丹所发现的。

布里丹曾经养过一头小毛驴，他每天都从农民的手里买草料喂它吃。这天，有一个农民额外多送给了他一些草料，因为这个农民一直都对布里丹非常崇拜。布里丹很感谢农民，并把草料分成两堆，放在了小驴子的面前。结果，这头毛驴在两堆稻草间犹豫不决，不知吃哪一堆，最终在来来回回中活活地饿死了。

想想看，不懂拒绝的你，是不是有时候也会陷入这样的窘境？我们无法做出判断，结果只好不再说话，放弃了拒绝的权利。正所谓"鱼和熊掌不可兼得"，一个人既想得到鱼，又想得到熊掌，其行为很可能是鱼和熊掌皆失。在我们面前，好像什么都是不可拒绝的，如果能达到完美最好，但就是在这种心态的影响下，我们变得优柔寡断，最后将说"不"的机会拱手让人。

《聊斋志异》中，也有这样的一个小故事，很能给我们带来启迪：

两个小牧童一起走进深山，突然发现了一个狼窝，里面还有两只小狼。两个孩子一人抱了一只，分别爬上了相距不过数十步的大树。一会儿，母狼回来了，看到一个小牧童在树上正在掐小狼，小狼疼得嗷嗷叫，这让老狼非常生气，在树下气急败坏地乱抓乱咬。

看到此，另外一个孩子也这样折磨起小狼。老狼看到了，立刻又跑了过来，同样在树下嗷嗷乱叫。结果，它不停地奔波于两个树之间，最后累得气绝身亡。

老狼之所以落得这样的下场，就在于它不懂拒绝。如果它可以拒绝其中的一个孩子，只在一棵树下守着，那么迟早孩子会因为疲惫而放下小狼，那么它至少可以救出其中的一只。结果，因为反复地选择，优柔寡断地不能做出否定，它只好丧失了所有。

狼是如此，人也一样。很多时候，我们不能做出否定，正是因为有太多的想法，优柔寡断地没有方向。看看亚历山大是怎么说的吧："毫不迟疑地去做这件事。"

所以说，不敢拒绝，是因为不懂选择。在拒绝之前，我们被太多的其他因素所干扰，常常反复权衡利弊难以取舍。但是，机会如流星一般，都是稍纵即逝的，结果因为一次又一次地无法做出决定，最终导致我们变得不敢做出决定。

生活不是电影，我们不知道未来的剧本如何发展。所以，当我们有了拒绝的机会时，就不要再朝三暮四，否则久而久之就会养成不敢拒绝的坏习惯。如果做不到这一点，那么我们迟早就会变成那头布里丹的小毛驴！

那么，我们怎样才能避免这种犹豫不决的情况呢？

1. 有了确定后选择坚持

没有一件事是十全十美的，这就要求我们必须提前想好未来的发展。例如，当我们身处股市，眼看股票依旧在不停下跌，这时候就要做出抉择：是否应该否定继续持股？此时抛出，虽然有一定损失，但不至于继续亏损！当有了这样的确定后，就应该立刻实施，而不是继续优柔寡断，让自己越陷越深。

2. 选择无须太早

很多时候，当一件事仅仅只是出现了某种不影响全局的小趋势，我们就会陷入选择困难症。事实上根本没有这个必要，只要没有出现明确的二择一的必要情况，我们就不必太早进行选择。例如我们晚上需要参加宴会，中午下起了瓢泼大雨，此时完全没有必要纠结晚上是否前往，只需等待到傍晚做决定即可。想得越是多、越是复杂，有时候我们反而会更加迷茫，结果真到了该拒绝之时，却又没了主意。

3. 目标一定要合理

有的人之所以无法做出拒绝，是因为自己的目标设定过高，反而给自己带来了很多不必要的压力，影响了我们正常思维的运转。就像看到有的人投资房地产赚得盆满钵满，自己拿着几万块就在犹豫是否投资，这是根本不理智的目标。因为，几万块是不可能在房地产市场成就大业的。与其终日陷入幻想，倒不如早早抽身而出。当有了合理的目标后，就不会为此而变得纠结，不知道该如何拒绝是好了。

总之，我们需要懂得割舍和拒绝，"当断不断，反受其乱"，拒绝困扰自己的那些纷乱思维，这样就有助于我们做出判断。

"拖延大法"轻松搞定拒绝

我们说过，拒绝别人，最难以逾越的一关就是：怎样能够在拒绝的同时，还不伤害对方？毕竟，人人都经历过被拒绝，知道被拒绝的滋味。给拒绝找个理由，这当然可以避免伤害对方，那么还有其他什么办法，同样可以起到这样的效果呢？毕竟，不是人人都可以很快找到一个很好的"借口"，让别人信服。

这个时候，我们不妨利用"拖延法"。与"找理由"的方法相比，拖延法的优势在于没有当场拒绝对方，而是采用一种"持久战"的方式，让对方主动放弃了要求，这样就避免了直接撕破脸面的尴尬。

来看这样一个案例：

一天，刘教授正在上课，突然他的一个学生站了起来，提出了一个和授课内容完全无关的问题。刘教授知道，前几天他当众批评过这位同学，所以他心里不免有些不高兴，也许此刻提出无关的问题，就是为了给自己难堪。

按理说，有的老师遇到这样的学生，不免勃然大怒，拒绝回答这样的问题，同时还会对学生大发雷霆。但刘教授并没有这样做，他知道那样只会更加激化矛盾，于是他笑了笑："很高兴能看到咱们的同学可以发散思维，能够从一个知识点联想到另一个知识点。不过，因为这个问题和咱们本节课的内容并没有直接关系，所以这位同学，咱们下课后单独再谈。"

教授的一席话，让那位同学很是佩服，他顿时没了火气，一脸羞愧地坐了下去。

试想，如果教授按照常理生硬地拒绝这位同学的话，那么会引起怎样的后果？恐怕课堂的气氛早已剑拔弩张。但刘教授巧妙地用"下课后单独再谈"的方法，用拖延的方式拒绝了学生的问题，既避免了伤害学生的面子，又暗示他这个问题现在提问不恰当，所以自然一举两得，皆大欢喜。

这就是拖延法的妙用。当然，根据场合、受众群的不同，拖延法拒绝还可以分为直接拖延法与间接拖延法，巧妙使用，我们就可以在不伤害对方的前提下，用一种暗示的方法将"不"字说出来！

1. 直接拖延法

通常来说，直接拖延法是我们最常见、使用频率最高的方法。直接拖延首先是"择日"拖延，尤其是女孩子在拒绝男孩的邀约时，大多会使用这一招数。

温柔可人的丽娜，是很多男孩子追求的对象。她的邻居大刚，也是众多追求者之一。

这天，大刚买了两张电影票，想要邀请丽娜一起去。还没有准备开始谈恋爱的丽娜，既不愿意去看电影，但又不想伤害这个认识了很多年的老邻居，于是就说："大刚，真不好意思，我明天已经有了安排，实在不方便。这样吧，等我哪一天真的有空了，我再告诉你。"

这种拒绝方式，就是典型的"择日"拖延法。因为我们并没有明确到底哪一天真的有时间，所以就存在很大的不确定性，无形之中这就等于告诉对方：我不愿意去。这样一来，聪明的人就会立刻明白其中的用意，于是选择放弃。

与"择日"拖延相似的，是"延时"拖延法。延时拖延就是把时间无限期地往后拖，从而达到拒绝的目的。

小郑是一个年轻教师，这天他找到自己的一个前辈，一名特级教师。小郑表示，他想去观摩一下上课。特级教师听完后，说："这个当然没问题，不过这堂课要做得成功，让学生、家长和领导们都满意，这就必须符合教改精神，我必须拿出一定的时间，好好研究一下方案。所以，请你给我一定的时间，我才能邀请你来。"

其实，小郑想要观摩这位特级教师的课，正是因为小郑对他充满了尊重。所以，如果这位老师直接拒绝，必然会伤害了对方的感情，让对方觉得自己有些"装大牌"。

正因为如此，这位特级教师就采用了"延时"的拖延方式，先答应下来，但是把时间无限期地延后。其实小郑一定知道，一堂公开课根本不用太长的时间去准备，这位前辈之所以这样说，就是为了拒绝自己，但是又不忍伤害自己。小郑理解到这一点，自然就不会再勉为其难了。

2. 间接拖延法

直接拖延法虽好，但它也不是可以应用到所有场合。通过案例我们可以看出，直接拖延法有一个明显的特点，那就是：如果你在彼此的关系中占据高位，例如丽娜之于追求者，特级教师之于小郑，那么使用起来无妨；但是，如果你属于较低地位，直接拖延法就会让对方觉得你在敷衍自己，反而起不到很好的效果。

所以，如果我们身处低位，那么就不妨采用"间接拖延法"。简而言之，就是"含糊其辞"。间接拖延法讲究的就是用一种不确定的语言来搪塞，达到拒绝的目的。并且，对方还不好抓到你的把柄，只能同意你的拒绝。

小霞是一个医院的小护士，经常要照顾一些患病严重的病人。这些病人都有一个习惯，就是总是咨询自己是否还有康复的可能，再住院是否还有必要。小霞总是这样回答："您放心吧，虽然您的病的确有些严重，不过昨晚我还听见医生说，只要您能够配合治疗，那么慢慢地你就肯定能好起来！"

小霞没有直接否定对方，用诸如"您当然不能出院！"这样的语言来告知对方，因为她知道，病人都比较敏感，过于直接的否定，有时会让病人产生强烈的情绪波动，所以，她就用这样一种间接拖延的方式，"听见医生说"、"慢慢就能好起来"这种含糊其辞的表述，拒绝了病人不想再继续治疗，或是提前出院的要求。

所以说，间接拖延法很适合在服务行业工作的人拒绝时采用。当然，在一些公开场合，如大型社交场合等，这种方法也能够起到很好的效果。例如，在宴会上有人向你提问，这时候你可以说："有可能是这样，不过这会儿大家都在一起高兴呢，咱们先喝一杯，晚一点再谈！"表面上看，你这是在抵御对方的询问，但因为语言较为生动活泼，所以对方就无法再纠缠自己，你在无形中也就拒绝了对方的进一步提问。

无论直接拖延法还是间接拖延法，我们都应当学会灵活应用，根据场合与对方的身份做出不同的选择。相信，当我们掌握了这样的方法之时，就再也不必担心因为拒绝而伤害对方。

Part 3
不好意思是一种心理病

"我是一个脸皮薄的人，不喜欢说拒绝。"为了给自己找一个台阶，我们找到了新的理由逃避拒绝：不好意思，内向，对方太过热情，嘴巴笨……其实，我们早已恨透了自己的这种样子，可是为什么不站起来进行改变呢？也许，一部经典的励志电影，或是不必用语言表示的肢体语言，都能够让我们突破内心的脆弱，让人刮目相看。当然更重要的，是改变自己的性格，提升自己的气场，这样我们才能真正表达自己的内心，让拒绝无懈可击。

越不好意思，就越不敢说

有这样一种人：他的能力过硬，脾气也很好，无论家里、单位都是顶梁柱，但却有一个致命的问题，就是不喜欢表达自己。哪怕遇到再无理的要求，他也都是默不作声，实在遇到的确无法解决的事情，才说一句："我真是不好意思说，免得又麻烦大家……"

因为觉得不好意思麻烦其他人，所以，这样的人选择了不拒绝。而随着时间的推移，这种情绪更加严重，变得更加不敢说"不"。没有人否定他的能力，但却也没有人愿意再重用他。

高顺兴在单位工作已经十年，但一直都是普通职员。论能力，他是重点大学毕业，专业技术自然不在话下；论人品，他总是兢兢业业，从没有和同事闹过别扭，所以也是一等一。可是，为什么他就得不到晋升的空间呢？这不在于领导，而在于他自己，什么事情都不太愿意说，总是点头，然后工作。

有一年，高顺兴的部门领导出差，这时另一个部门有一个重要的项目人手不够，就找到了他来协助。他没说什么，就开始干了起来。当他的顶头上司回来知道这件事后，找到他说："小高，按理说，协助其他部门完成公司的项目，这是正常事。不过我很好奇，委派给你的，是你没做过的，你怎么就接下来了？难道，你一直都会这个内容？"

高顺兴摇了摇头，说："不，我的确不会……"

上司惊讶道："那，那你为什么不拒绝？哪怕换一个内容，也可以啊！"

高顺兴说："我觉得，他们那组当时比较忙，我就不好意思……"

上司叹了口气，说："哎，小高，真不知道说你什么才好……"

其实公司高层，也都注意过这个老员工。他们不是不想提拔高顺兴，可是咨询了下面的人后，他们又觉得："这样的人，即便给了他更好的职务，可是，他能带好一个团队吗？也许，他只能适合在基层工作，而不是做领导职务？"所以，高顺兴就一直在基层工作，哪怕他为公司创造了很大的成绩。

越不好意思，就越不敢说。高顺兴正是这类人的代表。也许，我们也是其中之一。正是这种"不好意思"的心态，让我们成为了一种"尴尬"：领导会觉得你有些过于内向，不太适合进入管理层，因此没有提拔你；情侣会觉得你有些没主见，不免对你产生一定误会；朋友会觉得你的想法不多，所以遇到事很少找你商量，只是在需要开始做的时候才想起你……

这样的生活，你还没有过够吗？如高顺兴那般，一次次浪费掉自己晋升机会的生活，难道我们还不能进行反省吗？

所以，从此刻开始，请不要再让"不好意思"害了你。一个真正优秀的人，应当具有"我只要主动表达，就能得偿所愿"的心态。敢于说"不"，敢于表达出自己的内心，这样你才能突破过去的窘境。正如巴菲特曾经回答一位学生"为何比上帝还富有"的问题时，他是如此说的："我的答案非常简单，原因不在于智商，在于他的性格、脾气和习惯。为什么聪明人会做一些阻碍自己发挥全部工效的事情呢？原因在于此。"

什么是性格、脾气和习惯？这从你是否敢于说"不"就能明显看出。不要小看否定，他代表着你是否自信，代表着你是否独立思考，代表着你是否敢于展现自己的魅力。试想，一个人从来都不愿意做否定，怎么可能让他人感受到他的独立人格？人格一旦丧失，又谈何创造性的思维？

所以，此时你还愿意抱着"不好意思"的心态继续活下去吗？

想要敢于拒绝，那么，我们就要根据一定的方式方法，摆脱"不好意思"：

1. 探寻自己的内心

摒弃"不好意思"的心态，不是让我们没头没脑地说"不"。没有思考的拒绝只是莽夫的行为，同样会让人鄙夷。在开始扭转心态之前，我们要问自己这样几个问题：

你想成功吗？

你知道自己在做什么，想什么吗？

你对未来有自己的规划吗？你是否想活得更有意义？

你是否想成为一个充满气场的人？

之所以问自己这些问题，就是为了在开始拒绝之前，我们应当给自己一个清楚的认识。只有知道自己想做什么，想要什么，这时候我们才能在拒绝的时候侃侃而谈，并说出自己的看法和见解。否则，当我们说完"不"之后又一次哑口无言，对方只会认为："原来你这是刻意针对自己的否定，而不是因为客观原因的否定！"结果到头来，人际关系弄得更糟。

2. 努力捅破那一层窗户纸

为什么，我们总是觉得"不好意思"？从根本上来说，其实那只是一种不自信的体现。当我们迈出第一步，捅破那层窗户纸，其实就会发现，拒绝根本没那么可怕。所以，当我们在完成第一步的内心自问后，就要开始尝试着去拒绝。

在一开始，我们不妨通过身边的人进行训练。我们可以告诉一个朋友自己的困惑，然后寻求他的协助，进行测试训练。朋友可以经常提出一些无理的要求，然后我们进行反驳，从中观察自己的回答是否合适，与朋友进行讨论。经过一段时间后的实践，我们有了敢于说"不"的自信，又有了一定的经验，这时候再否定时就会得心应手。

3. 多去从榜样身上吸取经验

榜样的力量是无穷的。为了扭转不好意思的心态，我们不妨多看一些经典励志的图书或影视作品，从主人公的身上吸取经验。尤其是侧重于律师类的作品，更是我们学习的最佳途径。因为，这个世界上再没有人会像律师那样，总将"不"字挂在嘴边了。多看多想，我们就能从其中找到很多启发。

4. 循序渐进地进行

也许，过去的我们是一个不懂否定的人。这时候，即便经过训练，但倘若突然开始变得异常坚定地否定，也许会给其他人造成极大的不适应。所以，我们应当循序渐进，逐渐地表现出自己的变化。例如，当领导提出新的要求时，你不必马上就拒绝，而是不妨说："让我考虑一下可以吗？稍晚一点我给您答复。"这样，我们就给了对方一个心理缓冲时间，在稍后听到你的解释后，理解你的拒绝；而不是认为你这是"突然的造反"，要给自己难堪。

过分内向，让你变得不敢拒绝

什么样的人，最容易不好意思？答案很简单：内向的人。

我们都知道，内向的人一向不善于交际，所以，他们说出来的拒绝，自然就有些软弱无力，让人听起来信服度并不是那么高。更何况，还有更多内向的人，甚至连拒绝的话都很难说出口。

当然，我们可以说：内向同样也可以很优秀。内向的人，多数都心思细腻、情感丰富、工作细心，但我们也不得不承认：如今是一个充满激烈竞争的时代，一切都以快节奏呈现，无论工作、家庭，我们在性格主要为内向的同时，还应该有展示自我、表达自我的信心。这并不是否定内向性格，而是说：任何事情都应该有个度，过分内向只会物极必反，给自己平添很多烦恼。

眼看就要结婚了，但是就在这个节骨眼儿上，李倩却向众人宣布：她决定取消婚礼！大家都很意外，急忙询问李倩到底是怎么了，是不是和未婚夫朱凯起了什么小误会？

原来，李倩之所以取消婚约，不是因为和朱凯吵架，而是因为她着实受不了他的性格了。朱凯是个内向的男孩，很多事情总是咨询李倩，李倩觉得这是朱凯尊重自己，于是也没有多说什么。不过，因为婚礼现场的事情，让她无法再忍了。原本他们二人通过一家婚庆公司，决定在一家五星级酒店完婚，但是谁知道因为酒店当月临时有其他任务，所以不得不取消他们的婚礼。

按理说，婚庆公司应该在同级别酒店中进行更换，并且对客户表示歉意，但是他们却自作主张，将酒店换成了一家三星级酒店。尽管朱凯得到了通知，但是内向的他，却只是说了句"这怎么可以"，然后就默不作声。婚庆公司见客户如此，也乐得不再多说什么。

那段时间，李倩恰巧出差，而朱凯也没有将这件事告诉她。等她回来后，离婚期已经不到三个月了。李倩不由勃然大怒，对朱凯说："为什么，你当时不拒绝他们？哪怕再换婚庆公司，也不是没办法解决！还有，为什么你不告诉我？"

朱凯低声说道："我觉得这样也行……这也不是什么要紧事……"

"这还不是要紧事儿！"李倩咆哮道。她打电话给婚庆公司，得到的答复是：朱凯已经口头确认没有提出异议，现在即便取消合同，定金也不会再退。

李倩崩溃了，一怒之下，她决定取消婚约。而让她更没想到的是，尽管朱凯表现得很难过，却连一句"不同意取消婚约"的话也不敢和自己说。李倩哭了好几天和闺密说："真不知道，到底是我要嫁给他，还是他要嫁给我？"

内向的人有很多优点，例如踏实、勤奋等，但是在保持优点的同时，我们也要努力打破自己的瓶颈：遇到事不敢说话，该拒绝的时候却缩了回去。就像朱凯这样，如果遇到事情不敢说出拒绝，那么等待他的就只有丢失自己未婚妻的一条路。

难道，朱凯不知道婚庆公司做得不对吗？当然不是，但是内向的性格，让他很难启齿，很难将拒绝的话说出口。所以，这样的人尽管知道一件事已经出了很大的纰漏，可是因为各种心理原因的纠结，只好将准备好的话藏在心底，任由恶果不断发酵却无动于衷。

所以说，即便我们如何内向，但在遇到某些事情之时，就应该鼓起勇气站起来，说出自己内心的想法。适当的内向没有问题，但如朱凯这般，显然已经有些影响到了自己的生活。不熟悉的人，还会对这种人贴上如此标签：愚钝。

当然，其实这种性格的人也很想改变。他们常说的就是："内向性格实在太可恶了，我恨透了自己的性格。看到别的同事在一起说说笑笑，真是羡慕极了。"作为一种群居动物，内向的人也希望融入社会，也希望能够如其他人一般，可以谈笑风生，可以轻松拒绝，但是因为没有好的方法，所以被长期困扰。

那么，究竟有哪些好方法，可以帮助内向者走出困境呢？

1. 不要总是盯着自己的短处

内向的人，习惯在做事之前，就想到自己不善于交际、不善于言谈等，这种暗示，会更加影响自己的状态。所以，我们要做的第一件事就是：转移自己的注意力。你可以想一想，这件事有哪些地方是自己擅长的，哪些又是自己觉得好玩的？将目光注意到自己擅长的部分，再去进行交流，这样紧张的情绪就会减少许多。

2. 从成功的回忆中重建自我形象

任何人都有过成功，内向的人也不例外。所以，我们可以经常想想过去那些成功的点滴，重新体会一番成功后的滋味。如果有相册或视频，那么这更是让我们重建自我形象的好道具。看着自己曾经成功后扬起的笑脸，我们就会体验到从内心发出的快乐，从而驱散不好意思的心态。尝试着经常这样做吧，暗示自己你也有足够的决策能力和行动能力，自己的形象也可以是高大伟岸的！

3. 行动起来，证明自己的价值

扭转过分内向，最关键的一步是行动。只有做了，并且做成功了，我们才会体会到成功的滋味。尤其是对于一些群体活动，更是我们锻炼的机会。所以，诸如乒乓球、足球、群体朗诵，等等，都是很好的选择。对于这些群体活动，我们不必过于在乎它的规模，哪怕只有三四个人，同样可以让我们进行锻炼；同时，也不必在乎是否有名次，我们需要的，是在群体活动中与更多的人进行交流互动，为成功贡献一份力量，这样才能让自己的人际交往能力得到提高。

4. 丰富自己的兴趣爱好

想要改变内向的缺点，我们就应该丰富自己的兴趣爱好。因为，当你找到真正属于自己的兴趣之时，就会投入其中去钻研。到了一定时候，还需要和这个圈子里的人去互动去分享，这时候我们就会在潜移默化之中，扭转自己的性格。看看那些有丰富业余生活的人吧，他们哪一个不敢说话，不敢表达自我？所以，丰富兴趣爱好，并积极融入圈子，这是扭转性格的最佳途径。尽管这需要很长的时间，可是这却是最行之有效的方法。

5. 扬长避短，用真诚打动人

对于内向者而言，他们有一个长处就是细心且真诚。所以，在拒绝的时候，我们不要设计太过复杂的台词，只要发挥出真诚的特点即可。说出为什么我们要拒绝，例如因为家庭原因、经济原因等，只要将事实讲清楚，那么同样可以让对方理解。至于外向者擅长的那种口吐莲花式的语言，如果的确不擅长就不要多使用，以免弄巧成拙。

为什么不能说"不"？因为你不敢正视他人

有一句话说得好："眼睛是心灵的窗户。"透过眼睛，我们可以看到一个人是否自信，是否坚强，是否敢于挑战。

那么，对于那些不敢拒绝的人来说，通过他们的眼睛，我们能看到什么？

害羞。

是的，害羞成了众多不敢拒绝的人的共同属性。我们也会常遇到这样的人，他们究竟为什么害羞呢？是为了掩藏什么？还是因为做了错事？当你抛出这些问题的时候，却得到了这样的回答：

"我也不知道。我就是不敢看着别人。看到别人的时候，我就心慌不已，本来想拒绝，结果一下子脑子就乱了！"

韩亚青是一家企业的公会主席，最近她发现单位新来了一位奇怪的女大学生。这个大学生文笔非常不错，但是不知道为什么总是喜欢低着头走路。她原以为，这不过是一个人的习惯，但有一天一件事，让她发现了更大的问题。

那天，女大学生在走廊悄声走过，这时办公室走出了一个男生，对着她说："你要是没事，就去把垃圾倒了吧！"

女大学生好像低声说了什么，但没人听得清。男同事说："你说什么？小姑娘，是不是有什么意见？你可以看着我，告诉我啊！"

谁知，女大学生急忙说了句："没有没有。"然后拿起走廊的垃圾筐向外走。

等女大学生回来后，一直在走廊等着她的韩亚青把她叫进了办公室，问道："我明明感觉，当时你应该不愿意，可是为什么不说出来呢？"

女大学生说："其实，其实我说了……"

韩亚青这才意识到，原来那声谁也没听清的话，是"不"。韩亚青有些哭笑不得，说："你把头低得那么低，谁能听得见你说的是什么啊？来，你现在看着我的眼睛，把刚才说的话再重复一遍。"

女大学生怯懦地抬起头，看着韩亚青的眼睛说："我手头还有工作，这会儿没法去。"

韩亚青笑了笑说："这样不是挺好吗？你太害羞了，连别人的眼睛都不敢看，这样谁能知道你想表达什么呢？记住，以后无论和谁说话，哪怕是拒绝，也请你先把头扬起来，说出自己的看法！否则，你这么害羞下去，自己的什么事情都做不了了！"

有太多太多的人，尤其是一些女孩子，正如这位女大学生一般，他们不是不愿意拒绝，而是因为太过害羞，甚至连看着别人的勇气都没有，更不要说去拒绝了。即便说了，也是如"蚊子鸣叫"一般，根本让人听不清到底说了什么。

众所周知，与人交谈时，注视着对方的眼睛，这是一个基本的礼貌。唯有敢于正视别人，我们才能流露出自己的真诚和尊重。否则，对方会觉得你根本不是在和自己交流，而是自言自语罢了。这时候，谁会留意你说的是什么？谁会听见，你其实表达出了自己的拒绝？

所以，那些不敢正视别人的人，一开始，只是不懂拒绝；但是慢慢发展下去，他们的性格会更加孤僻，不能真正表达自己的内心，以至于在人际交往中举步维艰，最终只能蜷缩在一个人的世界中。

找到了问题的关键，接下来就要对症下药，摆脱这种害羞，敢于大声说"不"：

1. 自我训练，给自己一点勇气

"为了我们能够勇敢地注视别人的眼睛并不怕被别人所注视，让我们做一个襟怀坦荡、心灵像水晶般透明的人。"这是毕淑敏曾经写过的一句话。这正是自我训练的原则。

每天，我们都可以找一个没有人的环境，在心里默念："我心里坦坦荡荡，没做亏心事，我不怕别人看。"然后，我们拿出镜子，看着自己的眼睛。如果我们连和自己对视都害羞，那么就不要谈和别人对视了。

当这样的训练持续了一段时间后，接下来，我们可以进行实践。一开始，我们不妨从熟悉的人开始，找一个很好的朋友，先进行短暂的目光接触。在敢于正视对方的同时，我们还应该观察对方的眼神，是否透出了热情和真诚，然后努力去学习。

再接下来，我们可以与朋友进行场景模拟。可以找一些彼此都会拒绝的问题提问，然后，去分析对方在拒绝时的眼神是怎样的。只有经过这样不断地练习，我们才能敢于正视对方的双眼，说出自己的看法。

2. 尝试逐步与其他人沟通

当我们与朋友进行了一定的训练之后，接下来就可以正式与其他人进行沟通，例如同事、同学等。一开始，我们不必着急立刻与对方对视，而是不妨先以对方的眼睛为界限，盯住对方的额头或者鼻子，或双眼与嘴部之间的区域。在对方看来，你这样是在看着他的眼睛。这样，我们既能让对方感受到被尊重，自己也能最大可能化解尴尬，不失为一种好的方法。

需要注意的是，我们也不要在交谈过程中，死死盯着对方的面部不放，这样反而会令对方产生不好的感觉。一般来说，我们的目光在对方面部停留的时间占交流时间50%左右即可。

当然我们已经习惯了这种方法之后，接下来就可以尝试着去看着对方的眼睛了。但仅看眼睛还是不够的，我们需要注意说话的内容。最初，我们在组织拒绝的语言时也许会慌乱，那么不妨先放慢节奏，甚至可以有几秒钟的思考后再去说。这样，你就能够真诚且完整地表达出自己的观点，而不是一股脑地抛给对方，让对方一时间无法理解。

3. 正视自己的缺点，不必过分抠细节

我们之所以过于害羞，正是因为太过在乎自己是否完美，倘若有一点口吃、脸红，就会感觉到非常不自在。所以久而久之，我们变得不敢正视对方，不敢清晰地说出自己的拒绝。其实完全不必如此，我们应当告诉自己：太多太多的伟人，同样有各种各样的小毛病，例如美国总统罗斯福需要坐着轮椅、古希腊演说家德摩斯梯尼最初口齿不清。但是这些伟大的人物，都是说话的高手。所以，在拒绝别人之时，学会放轻松，过于紧张时深呼吸几口，不要刻意要求自己，那么你就会摆脱不敢正视他人的困扰。

别想那么多，先说出"不"字再说

"拒绝别人是不是不太好？其实我也想说，但是我真的不好意思……"

"我这么拒绝是不是不合适，是不是应该再组织下语言？"

为什么，已经下定决心的我们，却每次都在行将拒绝之时，又变

得犹豫起来，最后依旧选择了放弃？恐怕，一开始的两种心理活动，才是我们不敢拒绝的"罪魁祸首"——想得太多，总觉得不够完美。

的确，把问题想得足够周全，这有利于避免一些突如其来的事件发生；但是，如果这份周全变成了羁绊，那么我们就将变得前怕狼后怕虎，不要说拒绝，恐怕连一点声音都不敢发出。结果，就是因为想得太多，我们原本已经鼓起的勇气又一次泄了气，心不甘情不愿地按着别人的要求去忙碌。甚至，我们还因为这样的心理，给别人留下了非常不好的印象。

孙瑞今年已经28岁了，从小到大的他，都是那种标准的乖孩子，无论老师、家人说什么，他都是完全照做，哪怕要求不合理，他也觉得："家人和老师都是长辈，我怎么有资格反驳呢？"

23岁那年，孙瑞选择了去美国留学。几年后，顺利毕业的他，进入了一家身在华尔街的公司工作。按理说，能够在这样的公司上班，孙瑞应该很高兴才对，毕竟这里是世界的金融中心，是很多人都很仰慕的地方。可是，孙瑞始终高兴不起来，在世界金融中心里完全找不到自己的方向。

为什么会如此？原来，美国是讲究自我发挥的地方，经常主管布置了一个任务后，鼓励下属先讲出自己的看法，即便是反对自己都没有问题。可是，孙瑞早已习惯了按部就班，他很不适应进行拒绝，总是在上司布置完工作后转头就走。结果，很多事情他都没法做，因为他既不理解上司的真正意图，也没有自己的想法。短短一年后，他就被公司扫地出门。

失业后的孙瑞很苦恼，他打电话给国内的朋友说："不是我不喜欢美国，也不是我不愿意提出反对意见，但是我总是在想，我的反对意见合适吗？是不是还有欠缺的地方？如果说出来反而被别人找到更大的漏洞，那我岂不是很没有面子？再说，即便说得对，可那是上司的要求，如果让上司觉得很不爽，我又该怎么办？"

　　朋友叹了口气，说："哎，什么时候，你才能不这样投鼠忌器呢？"

　　其实，对于孙瑞，他的前公司领导也是很失望。在孙瑞离职后，他的上司彼得曾经说过："这个年轻人的成绩很优秀，但是我不知道为什么，他没有一点自主性？让干什么就干什么，从来都没有反对意见。这种人成绩再好，却丝毫没有创造力，脑海里只有'服从'两个字。对于这样的人，他怎么可能爆发出最强烈的工作积极性，怎么可能创造出高效率的工作成果？"

　　事实上，在很多人身上，都有孙瑞这样的问题：拒绝之时，想得不是"此时我要说不"，而是"这个时候说拒绝是不是不好？说出去了如果无法收场该怎么办？如果被人反击怎么办？"等诸如此类。结果，我们丧失了拒绝的最佳时机，即便心里有一百个不愿意，却依旧不得不心甘情愿地做着自己并不想做的事情。对于这样的人，怪罪别人合适吗？答案自然是否定的。从自己的身上找出原因，这才是解决问题的关键。

　　其实，如孙瑞这样的人，都有一种共同的特点：内向自卑，却又自尊心强烈。之所以不敢说出拒绝，恰恰是因为怕被别人拒绝，对于自己的形象和谈吐没有信心，完全不懂与对方周旋的要领。当这种心态根深蒂固之后，就变得更加纠结，所以遇到问题时，连开口的勇气都彻底丧失了。

难道，是我们不愿意拒绝吗？当然不是。但是，我们需要明白这样一个道理：无论如何在内心组织语言，无论如何推测对方的反应，我们最终的目的只有一个，将"不"字说出口。倘若我们总是感到非常不好意思，没有勇气说出"不"字，那么即便拒绝的语言组织得再巧妙，这又有什么用？

所以说，想要拒绝别人，首先要做的就是：别想那么多，先说出"不"字再说。唯有说出来，我们才能发现自己的回绝方式有哪些缺点；唯有说出来，我们才能打破不好意思的心态。这就像学开车一般，无论内心如何规划该如何开车，最终还是需要自己将车启动，否则永远只停留在自我对话的层面。

那么，我们该如何走出说"不"的第一步呢？

1. 给予自己最大的鼓励

每一天醒来，我们都要检查与审视一番过去的几天里，自己的所作所为。对着镜子，我们不妨这样自问自答："是不是我又想太多，在该说话的时候没有说话？""我是否又一次在关键时刻张不开嘴？"然后，我们再想一想那件事如果重新做，会怎样选择。只有不断鼓励自己，我们才能在遇到事情时，敢于说"不"，并讲出自己的看法。

2. 多去看看身边的人是怎样做的

也许一开始，我们立刻变得果断有些不现实，那么我们不妨多学学身边的人是怎样做的。例如在会议中，多看看别人是如何进行拒绝的，尽可能将对方的拒绝方式记录下来，然后在私人时间内多看几遍，想一想对方的语言是怎样的。吸纳别人的方法与技巧，这样我们就能得到明显提升。

3. 努力尝试一次

当有了足够的勇气，并且通过学习他人掌握了一定的拒绝技巧之时，我们就应该正式走出第一步，说出自己的拒绝了。当然，为了避免在过多人面前拒绝而产生的紧张，我们不妨在较小的范围内拒绝。例如和朋友的一对一，这样就可以将自己的紧张情绪降低。最好，我们的拒绝对象是早已熟知的人，而不是太过陌生的人。毕竟，我们的经验还有不足，如果直接闯入陌生场合进行社交训练，那么如果被对方反击，自信心就会更加受打击，刚迈出的第一步，会因此彻底收回。

别被赞美迷惑，不好意思说"不"

赞美的话，人人都爱听。不过，你是否发现：有的时候，某些人的赞美却话中有话，赞美之后是为了提出让你有些意想不到的要求。这时候"不好意思"的你，即便心里有一万个不愿意，却也不好再多说什么。

明知道对方是恭维依旧沾沾自喜，这是人性的共同弱点。正因为如此，面对赞美背后的"要求"让我们难以拒绝，没有勇气说出应当说出的"不"。

这天，崔静去参加一个朋友的婚礼。在婚礼现场通过朋友介绍，她认识了一个名叫李莉的女孩。饭桌上，李莉拉着崔静的手，说："姐姐，你可真漂亮，真让人羡慕！"听着李莉的话，崔静自然也乐开了花，一口一个"妹妹"地叫着。两个人表示相见恨晚，一个中午就一直在聊天。

婚宴结束后，李莉说："姐，我开了一家服装店，最近刚刚上了一批新货，要不你去看看吧！"

崔静原本想回家休息休息，毕竟中午也喝了一点酒，但是因为和李莉刚刚认识，两人又聊得比较投缘，所以觉得拒绝不免有些伤害对方面子，所以只好跟着她去了服装店。走进店里，崔静一边翻着衣服，李莉则在一边不断地渲染。

"姐，你现在看的这件，是我们店专门从韩国代购的，我保证，在咱们这里你找不到第二件！姐，你眼光可真好啊，一下子就发现了这件衣服。原本我还想着，给我自己留着呢！我相信你穿起来，肯定更加有气质？"

崔静将信将疑道："真的？有那么夸张吗？"

李莉说："那可不？姐，你试试吧，相信我！"

在李莉的劝说下，崔静试了试这件衣服。果然，正如李莉说的那样，崔静穿上这身衣服后身材更加凹凸有致，让自己年轻时尚的气质尤为突出。李莉拍着手说："姐，我没夸张吧！真别说，这身衣服好像为你量身定制的一样！"

崔静听着李莉不断地赞美，心里也是更加高兴。她问道："多少钱？"

李莉说："我看一下啊……要1600元。还好，不是很贵。"

"什么？！"崔静吓了一跳，说，"要1600啊，我可买不起！"崔静不过只是普通白领，每个月工资在4000元左右，一件衣服就1600元，这有些让自己吃不消了。

李莉一听，急忙说道："哎呀，姐，我说的是吊牌价。"说着，她把崔静拉到角落里说："姐，其实进价只要1100元。咱俩今天见面还能聊得这么来，真是有缘，我就进货价给你，你可不能说出去啊！姐，这衣服我这里也就这一件，如果不穿在你的身上，那真是可惜了！"

崔静本来有心拒绝，结果被李莉的一通说服，觉得如果拒绝的话，实在不免有些伤这个小妹妹，并且人家还一直在夸自己。不得已，她只好拿出钱包，违心地买了下来。

崔静原本想，花一千出头，结识了一个小姐妹，并且这个小姐妹很会说话，也还算能接受。谁知道几天后，她的一个朋友说，她买的这件衣服其实好几家店都有卖，并且价格都没有超过800元。一下子，崔静懊恼无比，很后悔当时为什么没有拒绝李莉。而从这以后，她对李莉也渐渐疏远了。

如崔静这般遭受的赞美，我们是否都不陌生？恐怕，最后如崔静实在无法拒绝只好掏钱买下来的事情，也不在少数吧？

生活中，甜言蜜语不少见，朋友间互相赞美是司空见惯的事情。但是，我们不能因此就说：赞美就是好的，是不能拒绝的。我们必须去想一想：对方如此赞美我们，是不是有什么事情需要拜托？而这件事，又不是能够轻易完成，甚至已经大大超越出我们的能力和条件？

可惜的是，现实中很少有人意识到这一点。就像案例中的崔静，仅仅只是一面之缘，却收获了那么多的赞美和夸奖，一下子和对方的关系拉近了那么多，结果到了想拒绝的时候，却着实不好意思再拒绝了。

那么，我们该如何应对这种赞美？

1. 玩笑中提醒对方注意实际

如果对方在不断地赞美你，并且你已经意识到了对方会提出一定的要求，这个时候，你不妨么说："哪有你说的这么夸张？我可知道自己的条件。虽然这件衣服不错，但它的确不适合我。我想，如果有一天我能成为范冰冰那样的明星，穿起来才会更合适！"

此时，如果对方依旧穷追不舍，你不妨这样回答："快不要给我吃糖啦！我真怕自己尾巴翘到天上，那才可怕呢！"这样的语言，就会暗示对方不必再继续奉承。如此一来，对方想提出的要求，只好烂在肚子里。

2. 谦虚地回应

即便对方有怎样的企图，切记：不可撕破脸面揭穿对方，尤其不可恶语相向。毕竟，我们没有必要为了拒绝而得罪人，否则那样就有些失了礼貌，更给自己带来不必要的麻烦。须知，中国是一个礼仪大国，互相赞美是常见的事情。我们可以不接受对方的赞美，但是这种不接受不是在气急败坏之下进行的。

正确的做法应当是谦虚回应，并表明谢意。你可以说："谢谢你，虽然我知道没有你夸奖得那么优秀，但我还是蛮感激你对我的认同的。"你的态度不卑不亢，对方也抓不住任何把柄，所以不得不放弃原本的要求。

3. 巧妙将赞美转移给对方

有的时候，执意不接受对方的赞美，不免有些伤人感情，尤其是在公共场合。这时候，我们不妨巧妙地将赞美再还给对方："再优秀，我还是比你要差一点！你看，你都有这么大的事业了，我还是老样子。所以，你才是真正应该被我们佩服的人！"这样做，是为了主动放低姿态，这样一来，对方即便提出要求，我们也有足够的借口进行回绝了。

散发自己的气场，别让不好意思阻拦了"不"

近年来，有一个词被炒得火热：气场。什么是气场？它不是简单的气质，而是一种由内而外散发出的感觉，既包括仪态、语言，同时也包括自己的性格特点和做事风格。

为什么，气场能够备受瞩目？因为，气场会给人带来前所未有的自信，在人生的路上无论遇到怎样的困境都可以披荆斩棘。一个拥有强大气场的人，必然会让人所折服、所钦佩、所赞叹。而从这里我们就可以看出：那些不善于说"不"的人，恰恰都是那些气场不足的人。这一点，尤其能够在购物的过程中展现得淋漓尽致。

店员："先生，您已经看了这么久了，难道还没有确定么？其实我已经和您说了，以您的要求来看，这一款是最适合您的。"

顾客："是的，不过……它的价格太贵了……"

店员："先生，难道您没有听说过一分价钱一分货吗？的确，它的价格偏高，可是您要知道，这是国际大品牌！这样的品牌，我们怎么会不放心？如果您还在犹豫，那么我只能怀疑，您真的对品牌的了解实在太低了……"

顾客："好吧，那我就买这一款。"

这个案例中，顾客的气场，显然被店员的气场完全压倒。所以，他透露出了明显的不好意思，最后再没有了拒绝的勇气。结果，他在并不是很了解的情况下，不得不掏出钱包。这，就是气场的作用。我们可以毫不夸张地说：一个不知道怎样拒绝、不懂得如何正确拒绝的人，必然是气场不足的人。他们很容易受别人的影响与蛊惑，即便说出了"不"，却会被对方三言两语就击溃，然后继续回归到全方位妥协的状态之中。

现在，让我们来看看另一种顾客，他们带着另一种截然不同的气场，让店员不得不接受他的拒绝。

店员："先生，我看您已经注意这款产品很久了，相信您一定很喜欢它。"

顾客："是的，这款我还是比较满意的。"

店员："那么，我给您包起来好吗？您是使用现金还是信用卡付款？"

顾客："请您停一下，难道我说我要买了吗？"

店员："先生，您既然很喜欢，为什么不买呢？是不是还有其他的原因？"

顾客："是的，但是这是我的事情，抱歉我不能和你说。"

店员："先生，这个产品真的很好，它是国际大品牌，相信您一定知道。所以，请您放心，并且它就快脱销了……"

顾客："你说的我当然知道，但是，我难道不可以货比三家吗？这不是便宜的东西，我不想这么快就决定！"

店员："好吧……先生那请您再挑选一下，如果有需要，可以随时叫我……"

很显然，顾客的气场压倒了店员，所以，他自然说出了拒绝的话。相反，店员反而透出了不好意思，所以只好放弃。并且，顾客的拒绝让他无话可说，他只能认定：今天遇到的是一个专家，过去的方法全然无法奏效！

其实，从这两个不同的案例就可以看出：拒绝双方的一种博弈。

你拒绝他，他再拒绝你，你再次拒绝他……谁能够坚持到最后，关键就在于谁的气场更加强大。如果你流露出了不好意思的情绪，那么很抱歉，你的拒绝就显得毫无力量，最后依旧被对方说服。

所以说，想要拒绝，并且拒绝得成功，那么我们就应该摆脱"不好意思"的这种心态；而想要达到这一点，我们就必须培养自己的气场，让对方无法反驳你的拒绝。

那么，我们该如何培养自己的气场，驱散内心的不好意思，从而说出自己的"不"呢？

1. 敢于说出自己的主见

一个气场强大的人，无论在哪种场合，都能够掷地有声地说出自己的看法，所以，我们必须训练自己的这个胆识。当然一开始，我们不必再公开场合侃侃而谈，而是不妨在小型的场合中发表言论，朋友的聚会之上就是不错的选择。因为在这个场景中彼此都较为熟悉，所以即便说错也不会遭到恶意的嘲笑，有利于我们开口说话和发表见解。

当我们在朋友圈里已经有了一定的演讲能力后，这时候不妨尝试到更大的场合去发表意见。记住，不要因为别人的嘲笑而气馁，你应该每天告诉自己："让他们上，反而会更不如我！"当我们敢于在众人面前发表意见，又怎会在拒绝别人时，依旧不好意思？

2. 学会独立思考

从案例中的第一个顾客表现来看，我们会明显发现这样一个问题：他并没有独立思考的能力，仅仅只是听着店员的话，就认为这件产品如何优秀，最后在糊里糊涂中花了钱。这样的人，显然很难拒绝对方。

所以，在平常生活中，我们应该多独立思考，不要总是被别人牵着鼻子走。例如，当我们想要去购买某件产品时，那么我们能否先通过其他途径，对这个品牌做一个了解？毕竟，如今互联网如此发达，这样的大众咨询，是很容易查阅的。当我们对某个产品已经有了足够的认识，这时候再走进商店听到店员的介绍时，就会根据所知的知识去分析、去判断，这样在拒绝的时候就可以有的放矢，对方也不得不承认我们做足了功课，不敢再信口开河地推荐，并且慎重处理你的拒绝。

3. 打造自己的真诚

真正的气场，绝不仅仅是咄咄逼人，以压倒别人为唯一目的。真正具有气场的人，会透露出真诚，这种气质同样在拒绝时，可以让对方心悦诚服地接受。

例如面对店员无休止地推荐，如果我们说："真是很谢谢你的推荐，让我也知道了不少。不过，我今天的确没有准备直接购买的打算，所以很抱歉浪费了你这么多的时间。如果方便，你可以给我一张您的名片，那么我决定的时候，会第一个给你电话。"这时候，店员就会理解我们，并且不会再继续纠缠。

那么，我们该如何培养自己的真诚呢？很简单的一个方法就是：多读多看。多阅读经典文学，多看一些绅士类电影，从中学习相应的技巧，那么我们很快就能培养出真诚的气场。

语言不好意思，不妨用"姿态"来拒绝

任何一种性格的改变，都需要经过一定的时间。短则，我们需要数月；长则，恐怕需要数年。对于一些过于内向的人而言，短期之内就能掌握足够的拒绝语言技巧，并且可以灵活使用，这显然有些不现实。

那么，我们该如何在改变性格的阶段里，用合适的方法说"不"呢？巧用姿态，也就是肢体语言，不失为一种好方法。

例如，双臂环抱，就是一种表示拒绝的方法。

有一年，一名国学老师给一家企业做培训。不过，因为飞机晚点，结果当他到达会场时，已经晚点超过了半个小时。看着早已经坐满的员工，他急忙道歉："真对不起，飞机晚点，让我迟到了。"

这时候，这家公司的总裁秘书，小声告诉他说，总裁正在另一间办公室等着他。他急忙赶了过去，这时看到总裁脊背靠在椅子上，双臂交叉，似乎有些不高兴。这位老师无论说什么，这位总裁都是客气地回答，但手臂一直交叉着，这让老师感到了坐立不宁。最终，总裁虽然答应了他继续上课的请求，但似乎并不是很高兴。

最让这位老师感到难受的，还在后头。不知道是不是受到了总裁的影响，台下的大部分员工也如总裁的坐姿一般，都是双臂交叉，冷漠地听着课。这位老师后来和朋友说："这是我从业以来感受到最艰难的一堂课！我感觉，所有人似乎都在拒绝我，不仅是我传授的知识！那个手臂交叉的动作，让我觉得被他们完全挡在了门外！"

这个案例，当然是比较极端的案例。但是从这位国学老师的表述中可以体会到，双臂环抱的确能够给人带来很强烈的距离感，表示出了对方不愿意接纳自己，抗拒自己的情绪。

事实上，肢体传递拒绝的情绪，这早已被科学机构所验证。美国研究机构表示，双臂环抱表示出"需要再考虑一下"的态度，是一种拒绝的暗示信号。这就告诉我们，运用一定的肢体语言，同样可以起到拒绝的效果。

那么，除了双臂交叉，还有哪些肢体语言同样可以传达出拒绝的意思？而在使用这些肢体语言时，又有哪些方面需要注意呢？

1. 摇头、摆手

很显然，摇头是最直接表示拒绝的肢体语言。很多时候，如果我们一时无法组织起完整的语言，那么摇头就能够很轻松地表示出拒绝。同样，摆手也是最直接的拒绝方式。可以说，摇头与摆手，是最直观的肢体语言拒绝。与此同时，双手向外推，也是一种表示拒绝的方式。

不过需要注意的是，因为摇头、摆手、推手有时候不免不太雅观，或表达的情绪太过直接，所以在一些正式场合中，例如商务谈判，这种方式还是尽量少用。

2. 撇嘴、耸鼻子、皱眉头

撇嘴、耸鼻子、皱眉头等，这些也都是能够表现拒绝的行为动作。这一类的动作，是人类对于拒绝的自然反应，在我们幼儿时期就已存在。所以，如果想要拒绝，不妨利用这几个姿态。这类姿态，主要用于一些公开场合，例如集团会议等，它既可以表明我们的态度，同时也会让对方快速理解，更能够避免因为语言拒绝而产生的争执，可谓一石三鸟之举。

3. 巧用看时间拒绝

一般来说，当我们一遍遍看手表之时，就会给对方带来这样一种感受：此时他还有要紧的事情要做，恐怕我说的事情他根本没有听进去，我的请求估计也很难得到答复。所以，当遇到某个人的请求过于冗长之时，我们不妨利用这种方式，传达出不会接受的态度。

4. 左顾右盼

一般来说，在与他人进行交谈之时，左顾右盼是大忌，因为这将表现出你并没有集中精力，带有一定的轻视之嫌。但如果将其用在拒绝之上，左顾右盼反而会起到正面的效果，表示出听不进去，更不愿意接受。所以，适当采用左顾右盼的方法，也能起到拒绝的目的。

5. 用冷静的缄默表示拒绝

有的时候，我们遇到了特别难缠的人，普通的行为拒绝也很难奏效，这时候我们不妨使用撒手锏：缄默。

格里利是美国著名传媒人士和政治领袖，因此也经常得罪人。

甚至，有一些反对派还会直接冲进办公室，质问他为何要发表各种言论。

有一天，一名反对派走进他的办公室，并且开始大吵大闹。他指责了许多格里利的不是，还罗列了格里利破坏党以及本市的安全等一系列的罪名。说了好一会儿后，他大叫道："你现在给我停下工作！我想听听你到底会怎么回答我？会有怎么样的解释？"

但是，格里利仿佛没有看见这个人一般，依旧趴在桌子上忙着写稿。那位反对者自然气不打一处来，于是一遍遍地质问他，甚至还破口大骂。但格里利却依旧认真地写稿，没有一丝反应。过了一个小时，那个反对派也觉得毫无意义，只好一个人灰溜溜地走了。

毫无反应，这是一种最冷酷的拒绝，对方会因为无聊不得不放弃。不过需要注意的是，这种方法虽然极具"杀伤力"，但是它太过伤人感情，一般只适用于陌生人，例如一次次上门推销的推销员，或者来找你麻烦的人。对于朋友和家人，万万不可使用。

最后需要说明的是，以上这几种"肢体拒绝法"，虽然都能达到效果，但是它们终究不是常用之道，频繁使用必然会引起对方的反感。我们要做的，还是应该学习和掌握用巧妙的语言进行拒绝，这才是拒绝的不二法则。

学会对自己说"不"，别让工作与生活乱成一团

　　这是一个快节奏的时代，"追逐"仿佛成了时代的关键词。唯有加倍努力，我们才能跑得更快，才能成为领先者。所以，我们仿佛一台永动机一般，永远只有工作、工作、工作……

　　可是，在拼命地追逐之时，我们是不是忘了这样一个词：生活？

　　也许，此刻你会说："每个人都是那么拼命，我怎么好意思去享受生活？怎么好意思让老板看见我享清闲？所以，我必须把工作带回家中！"甚至，身为领导层的老板，也会带着这种心态，没日没夜地投入于工作之中。

　　表面上看，你给自己的"不拒绝"找到了一个合理的理由——不好意思。不好意思在别人忙碌时自己休息，不好意思让上司看到自己在清闲。可是你是否想过，你不是超人，如果把生活和工作完全搅和在一起，你只能陷入无穷无尽的压力之中，把自己弄得一团乱？

　　很快，国庆黄金周就要到来了。不过，作为一家创业公司老板的席超却有一些纠结：是该带着女友一起去外地旅游，还是继续在办公室里加班呢？从心底里，他当然很想给自己放松一下，毕竟创业一年多，一直都是连轴转；可是想到公司还有那么多工作……

他把自己的疑惑告诉了女友，女友问道："你是一个老板，又不用跟别人请假，我真不知道你在怕什么？"

席超说："是啊，我其实也有一点疑惑。也许，我是不敢拒绝我自己吧……我觉得工作做不完就放松，如果让下属们知道了，是不是不太好啊？"

女友冷笑道："哼，那你就继续不好意思呗？反正我是要出去了！"

就这样，七天的长假，席超一个人在办公室埋头工作，累得两眼昏花。有时候他走到窗户边，会联想女友此时正在如何狂欢，员工们如何与家人欢聚一堂，而自己却孤身一人……

"够了，这种生活我真是过够了！"在一个人的办公室里，席超如此大声咆哮道。

其实，此时我们需要拒绝的人，不是朋友，不是同事，不是老板，而是我们自己。也许面对外人之时，我们仪表堂堂、风度翩翩，可是在面对自己时，我们却变得不好意思了起来。就像席超一样，身为一名创业者，他的形象一定是积极的、正面的，一定是能给员工带来正能量的，可是谁也想不到私底下的他，却也有着让人意想不到的困惑。

无论我们身为老板还是职员，都要记得："工作"与"生活"并不等同，它们是截然不同的两件事。无论你是老板还是司机，这只是职场上的职务，而不是生活中的自己。

看着镜子，问问自己：

你是否真的敢于面对内心？

你是否真的享受过生活？

你是否拒绝过自己这种状态？

如果你的回答是否定的，那么，请积极行动起来，摆脱那种"不好意思"面对自己的心态，与过去的状态说"不"吧！

1. 拒绝无休止工作，合理安排时间

即便我们如何忙碌，也要学会给自己放松。每天到了单位，我们不妨将需要做的事情一一罗列下来，然后做出列表，哪些是今天必须完成的，哪些是可以明天完成的。有了计划表之后，我们就开始全身心投入工作之中，抓紧时间将今天的任务完成。而一旦做完，我们就应该丢下手里的工作，开始享受私人的生活。即便我们内心有多惦记明天的工作，也要在心底大声地说："不！我现在需要休息！"

2. 拒绝别人对你灌输太多的"心灵鸡汤"

有的时候，我们之所以放松不下来，不敢对自己说"不"，正是因为我们接受了太多太多的"心灵鸡汤"。微博上、微信中，很多内容都是要求我们应该如发条汽车一般地生活，这样才能达到成功的彼岸。从这一刻开始，请你取消这些关注吧，鸡汤再好，喝多了却也伤害身体。你要告诉自己：成功的定义，只有我自己知道！请你们不要再给我带来太多的影响！

3. 拒绝承担所有压力

即便你是领导，也不要把办公室和家庭中的所有问题都一肩挑。你可以将工作分成若干块，根据实际情况，分配给不同的下属；而家里的事情，也可以和爱人分配好。这样，我们既能带着激情投入工作，又能高效地完成，还可以照顾到家里。如此一来，我们又怎会担心自己不好意思拒绝自己呢？

Part 4
你不需要别人来为自己定位

　　有一种人，很容易被人影响：明明想要去滑雪，却还没说两句，就跟着别人去K歌了。这种人，恰恰最不擅长拒绝。有时候即便说出了"不"，也会被对方进一步的劝说所反驳。这样的生活，难道我们还没有过够吗？要记得这样一句话：每一个人，都拥有独立的人格，都应该自己把握自己的生活习惯和风格。所以，我们不需要别人来为自己定位，而是遵循自己的内心，这样才能说出那个"不"字！

你有你的人生定位，不需要别人来干涉

"拒绝？我感觉这个词离我真的好远。无论做什么事情，好像都有人来给我做决定，倘若说了一个'不'字，那就会遭受想象不到的麻烦！"

相信很多不善拒绝的人，都会有这样的感慨。是啊，世界很大，生活却很小，无论做什么，仿佛我们都不能完全按照自己的心理做决定——父母、爱人、朋友、同事、领导……无论做什么事情，生活上还是工作上，自己好像都没有多少底气和对方表达真正的内心，想说一个"不"字难上加难。慢慢地，我们就忘了拒绝。

难道，这就是你想要的生活吗？

2014年年底，经过五年的恋爱之旅，黄文芳终于和孔凌翔走进了婚姻的殿堂。这一对从大学就开始相恋的年轻人，得到了所有人的祝福。郎才女貌的他们，成了朋友圈里羡慕的一对。

可是，表面上的风光，却不能掩饰黄文芳内心的苦楚。事实上，婚后的黄文芳并没有感到多少幸福。无数次，她觉得自己和孔凌翔完全不合适，两个人的结合就是一个错误。事实上早在结婚之前，她就已经发现了这一点。

原来，外表看起来斯文的孔凌翔，其实脾气并不算好。他很爱黄文芳，但这份爱渐渐地发展成了一种制约和束缚。简而言之，就是他的大男子主义很严重，希望黄文芳所有事情都能听自己的。大到房子买在哪个区，小到家里的酱油是什么品牌，都要由自己来决定。并且，他还振振有词："芳芳，你是个女孩子，很多事情我担心你没弄好伤害到自己。所以，你就放着让我来，你不要管了，这些事都由我来做！你只负责做一个漂亮的妻子就好了！"

　　可事实上，黄文芳根本不是一个愿意做花瓶的女孩。她是学编导出身，原本在电视台工作。因为工作性质的缘故，黄文芳经常需要夜里在台里剪片子，这让孔凌翔很是不高兴。在他看来，这样的工作根本就不是女孩子应该做的，工资不高不说，晚上下班还有安全隐患。那个时候，他们还没有结婚，为了不让男朋友太过生气，黄文芳只好选择了辞职。

　　黄文芳原本觉得，孔凌翔这么要求自己，也是为了自己好，是爱自己的表现。可是结婚后越来越多的事情，让她感觉到一切都变了。一次中学同学聚会，黄文芳准备出门参加，结果一下子被孔凌翔叫住了："芳芳，你还是不要去的好。那么多男生，晚上再喝点酒，万一你受欺负了怎么办？"

　　黄文芳说："哎呀，你可真啰唆。那都是我的同学，再说了还有那么多女生在一起，怎么可能出事？放心吧，真的有事我给你打电话！再不行，晚点你开车去接我！"

　　说完，黄文芳就要推门走。谁知，这一下子惹怒了孔凌翔。他一下子跳了起来，将手里的遥控器摔个粉碎："我说了，不让你去

104

就是不让你去！"

看着孔凌翔的这个样子，黄文芳顿时哭了，几年来的委屈随泪而下。黄文芳突然感觉到，她住进了监狱。

一个月后，在黄文芳的坚持下，二人以离婚告终。走出民政局，黄文芳看着孔凌翔平静地说："谢谢你爱过我，但是，我有我自己的生活。我，不是你的笼中鸟。"说完大步迈开，留下了在原地发愣的孔凌翔。

黄文芳的故事，当然比较极端。可是她的经历，正说明了这样一个道理：在现代社会中，尽管人际关系很重要，可是我们依旧要有自己的生活。如果我们连拒绝都不敢说，那么又谈何"自我"？

想想看，自己连"不"字都不敢说，这样的生活还能叫生活吗？如果我们连自己都活不出来，还谈什么"活出一个精彩的人生"？美国人本主义心理学家罗杰斯说："我们的生命过程就是做自己，成为自己的过程。一个人的生命意义就在于选择，我们只有不断为自己的人生做出选择，才算真正的活过。"相反，只愿意被动地接受他人给自己的安排，那么即便别人安排得有多完美，那又有何用呢？生活，需要自己体会。总是被别人影响，这样的生活毫无快乐可言。

所以，如果我们想要获得拒绝的权利，那么就要学会自己给人生定位，不要总是被别人的只言片语就影响；

所以，未来的路该去向何方，是由我们来选择和决定的，他人都是过客；

所以，我们要找到属于自己的人生，学会自己给自己确定生活，那才是快乐的源泉和幸福的根本；

所以，当其他人的影响已经干扰到我们的生活之时，我们要学会大声说"不"！

1. 明确告诉对方自己的追求

首先，我们要仔细想一想：自己想要的生活究竟是怎样的？想明白后，你就可以明确告诉对方，说出自己对生活的理解，以及未来对生活的规划。记住，在这个过程中，我们千万不可流露出怯懦，应当掷地有声。例如你可以说："在我看来，人生有很多种选择。你选择的，是在平静中追求幸福；而我，则更渴望在一番拼搏后取得收获。每个人的生活方式都没有对错，所以，我尊重你的生活方式；但我也希望，你可以尊重我的人生追求！"

一个坚定的姿态最具威慑力，当我们展现出了自己的态度，并且散发出了不容置疑的气场时，对方也会感到压力，因此不再对你提出各种无理的要求。

2. 努力尝试着去独立

也许，总是干涉你的那个人，是你生活中经常出现的；并且，过去你也经常需要向他求助。但当你和他说完内心的选择后，就不要再总是去求助对方。因为，这样会让他觉得："你不过只是嘴上说说罢了，所有的事情，还是要我来给你决定！"如此一来，你又将陷入被束缚的境地之中。

所以，你应当做的，是努力朝着自己的规划去奋斗。也许，这条路很艰辛，但是为了你的承诺和人生，你必须咬牙坚持下去。

3. 否定不是完全拒绝

尽管我们开始尝试着否定对方，但是这不等于我们就可以肆意妄为，对对方的话全然不顾。事实上，无论任何人干任何事，总会有一定的瑕疵，别人有时候的建议和意见，是针对漏洞所提出，对我们有着很好的帮助。所以，我们千万不要从一个极端走向另一个极端。对于那些正确的观点，我们还是应适当吸取。在坚持自己的原则之上，取其精华去其糟粕，这样我们才能打造出自己的人生定位，并让对方折服。

投资理财的重要事，必须由你自己说了算

"这件事该怎么做？要不你帮我决定吧！"

"好！那如果以后有问题，你可别来找我麻烦！"

这样的对话，生活中经常上演。的确，对于一些小事来说，我们交给其他人做决定，这本身无可厚非。毕竟，对方也许会比我们更了解实施情况，自己盲目的判断，有时候也许会起到相反的作用。

但是，对于一些重要的事情，我们必须由自己决定。这一点，尤其在投资理财领域显得更为重要。如今随着金融系统的不断完善，金融产品的不断增多，很多人都会聘请一名专门的理财师帮助自己打理投资。尽管他们很专业，但是对于投资理财这样的问题，

我们也应该有自己的分析。

尽信书不如无书，投资理财也是如此。对于投资理财这样的事情，如果觉得理财经理的建议并不适合自己，那么请不要犹豫，大胆拒绝！对于财务这样的重要事，最终必须由你自己说了算！

刘春辉是某金融机构的专业理财师，他一般要服务五六名客户。这五六名客户彼此是朋友，每个人都在他这里放了50万之多。前一段时间，因为股票大涨的缘故，刘春辉帮助客户们赚得盆满钵满，所以大家一致认为，这是一个值得信赖的投资理财专家。

上个星期，刘春辉把几名客户一起邀请了出来，说："各位先生，马上有一个新的股票就要上市，我的分析是这可以大赚一笔。我大致和大家说一下这个企业的情况……"

刘春辉话还没说完，有两个客户打断了他，说："小刘，我们不懂这些！你觉得行，那就买！我们信得过你！"

刘春辉一听喜笑颜开，于是说道："那么，各位如果没有意见，下午我就……"

突然，一个客户邓先生打断了他，说："小刘，你还是简单介绍一下吧。我还是想先了解一下这家企业究竟怎么样。"

接下来，刘春辉讲述了这家企业的发展和领导人以及财务报表等，并再三表示，这是他目前发现觉得最有潜力的一只股票。但邓先生听完后，说："我基本上有了一个了解了。但是，我觉得不太踏实，这家企业刚刚成立两年就宣布上市，我觉得这其中有一些问题。小刘，谢谢你的推荐，但是这只股票我暂时先不购入了，等我回去研究一下再决定。"

邓先生的几个朋友，都笑话他有些太过谨慎。有一个人如此说道："老邓啊，没必要这么小心！有小刘在，他决定就好了！"

小刘急忙说道："其实邓先生说得没错。再说了，谁也不敢保证说，哪一只股票一定就大涨，我也只是根据经验进行分析。其实，咱们每个人都应该是做决定的人，我也有错过的时候，大家可不能迷信我！"

但是小刘的话，没有让其他投资人回头。就这样，除了邓先生，其他人将资金投入了这只股票。谁曾想，原来正如邓先生预料的那样，这只股票一上市，就因为各种问题不断下跌，连续三个交易日险些跌停。邓先生和其他投资人说："你看，当时小刘最后也提醒了，你们不听。我不否认小刘的专业能力，但是咱们也要有自己的判断，不能什么都说对！毕竟，这都是几十万的资金，自己完全没想法，全靠着别人，这根本就不符合投资原则！"

为什么，其他投资人对于小刘的建议完全没有异议？很关键一点就在于：他们丧失了自我，太过盲目地相信另外一个人。再深一步说，他们不了解股市，也不了解自己，心甘情愿地放弃了自己的自主性。专家说往东，他们就往东；专家说往西，他们就往西。他们没有意识到：其实专家也是人，也有错的时候。

邓先生恰恰相反，对于投资这种大事，他很冷静，既尊重理财经理的建议，但是也会根据自己的判断，对理财经理说不。毕竟几十万不是小数目，如果自己都不放在心上，又怎么可能要求委托人特别投入？

那么，我们究竟该如何做，才能既获得投资理财师的合理建议，又能在某些时刻拒绝他们的不当建议？

1. 不要把决定权给别人，而是建议权

真正能够在投资市场赚大钱的人，都是由自己最终决定的人。不可否认，一些大富豪拥有不下数个的投资理财顾问师，但是他们做得最多的工作是进行分析和建议，而不是替老板做决定。想想看，世界上哪有天上掉馅饼的事情？将决定权完全交给别人，就等于等着天上掉馅饼。

所以，我们应当做的是在听取理财师们的分析和建议后，经过更加细致的了解，再做出最终的决定。如果觉得理财师的某些建议有问题，那么就请直接做出否决，并和理财师进行深入地讨论与分析。

2. 不要被理财师的煽动而盲目

对于投资市场而言，事实上有一批投资理财师并非绝对专业，他们只不过进入市场早，将自己包装得比较成功罢了。金融大鳄索罗斯尚有失手的时候，更何况一些初出茅庐的理财师？

所以，如果我们遇到投资理财师进入亢奋状态，建议我们购入某只股票的时候，我们就更应该冷静下来，分析其中的问题。甚至，我们可以咨询其他理财师，问一问更多专业人士的意见再做判断。切记，投资市场不是小事，冲动要不得。

3. 多充实自己，多掌握专业知识

事实上，我们与投资理财顾问的关系，更多的是交流与互动的关系，而并非是上下级的关系。这就要求我们：需要学习和掌握投资市场的种种知识。所以在平常生活中，我们应该多多关注投资市场，了解一些基本常识和股票、债券发行、涨跌特点，必要时还可以参加一些专业培训班。只有这样，当投资理财顾问对我们进行建议之时，我们才能理解对方说的究竟是什么，才能根据自己的判断，做出肯定或拒绝。并且，投资理财顾问也喜欢与那些掌握一定投资知识与技巧的客户沟通，因为只有这样才能在更好的平台上进行交流，而不是陷入"鸡同鸭讲"的窘境。

远离依赖，你可以掌控自己的生活

在不善拒绝的群体之中，80后、90后占据了很大一部分。80后、90后作为新时代的代表，他们年轻充满朝气，时尚热衷颠覆，但是为什么这样的一代人，却有很多都不善于说"不"？或者说，总是不能准确地表达出自己的观点，总是一开口拒绝，就很容易导致气氛转变，惹得很多人都不高兴？

这是因为，很多80后、90后从小生活在一个物质发达的时代，正因为不用再经历艰苦的生活，所有事情都会由爸爸妈妈提前帮忙做好，所以渐渐地，有一批人的自主能力越来越低，什么事情都要依赖父母；与此同时，一些父母为了不让孩子再吃苦，也是百般溺爱与宠幸，生怕孩子受一点挫折，所以孩子遇到什么问题都会挺身而出，更加导致他们的自主能力丧失。

试想，我们家中的宠物狗，会对我们发出拒绝的哀号吗？尽管这个比喻有些不雅，但事实就是如此。有一些80后、90后正是因为太过依赖父母，完全没有自己的人生决断能力，因此也越不会拒绝。

来看这样的两个案例：

高虎是在1988年出生的男孩，到现在也即将进入而立之年。按理说，年近三十的男人，应当充满担当，应当充满自信，可是高虎却恰恰相反。他的第一个工作，是在保险公司上班，但没上得了半年就被开除了。原来，他刚入职之时，在简历中吹嘘自己有一定的工作经验，于是上司就给他委派了不少的任务。但真的做起来后，高虎却发现原来根本不简单，即便每天没完没了地加班，却也依然做不好、做不完。

当上司抽查工作，看到高虎完成得一塌糊涂时，不由勃然大怒，说："既然你没法很快完成，为什么在布置工作的时候，你不和我说，哪怕是拒绝这么多的工作量？"

高虎怯懦地说："我当时也想和你说，我做不了这么多……但是……后来回家我咨询了下父母，他们说，让我坚持，所以我只好……"

上司听完，更加生气了，说："你是个快三十的人了，怎么还要回家问父母？我看，你还是回去做你的乖乖仔吧！"

就这样，高虎被公司无情地辞退了。接下来的几个工作，他都是这样，甚至有一个油漆厂的工作，他连拒绝公司要求每天必须加班，并且不享受任何加班费的话都不敢说。最后，还是父母要求他辞职，他才离开了那个地方。

失业后的高虎，一天和几个高中同学聚会，一问才知，有好几个都待业在家，情况和高虎不相上下。他们一致感慨道："哎，长大真没意思，还不如童年呢！"

再来看一个90后的案例：

高虎的表妹王友珠，是出生在1993年的女孩，今年也大学毕业了，从小也是被家人宠着，捧在手心怕摔了，含在嘴里怕化了。与高虎不同的是，这个90后少女显得充满自信，和任何人都能打成一片，但是就是有一个小缺点，那就是说话有时候太不讲究。

王友珠在一家广告公司上班，因为年龄较小加上又是女孩的缘故，所以大家都比较照顾她。一开始，同事们都觉得王友珠还不错，嘴甜脑子转得快，可是这天的一件事，让大家都对她避而远之了。

这天，因为公司接了一个大项目，所以领导希望大家可以加班。原本，领导是用商量的口吻说的："如果大家晚上不忙，希望能够加班，咱们尽量提早将这个任务结束！当然，加班费公司会按照规定，下个月准时打在咱们工资卡里！"

领导刚说完，王友珠发话了："我才不加班呢！我晚上约了闺密去看电影！再说了，加班费有多少，还不如我爸给我的零花钱……"

一句话说完，所有人的表情都变了，大家没想到，王友珠居然这样和领导说话，实在有些太过没有礼貌了。尽管领导没有说什么，但是大家都看到，最后他是板着脸离开的。

从这以后，同事们都开始疏远王友珠，毕竟没人愿意和这样一个"没心没肺"的姑娘多来往。看着越来越冷淡的同事们，王友珠只能心里难受。

高虎与王友珠，正是这类80后、90后的代表。并且，他们也都以独生子女为主。正是因为父母的溺爱，80后、90后中间的一些人变得或是太过懦弱，又或是太过任性。但无论哪种性格，他们都有一个共同的特点，那就是依赖父母。正如高虎遇到问题总是求助父母，王友珠一开口就是"父母给零花钱"，全然忘记了自己已经是个成年人，很多问题都应该自己去应对，去解决。

一个总是依赖父母的人，怎么可能敢于拒绝别人？怎么可能用恰当的语言拒绝别人？潜意识里，他们依旧还是父母的小王子、小公主，认定遇到事情之时，父母必然会站在自己的身前，帮助自己解决难题。

事实上，80后、90后早已步入成年，如果还学不会给自己定位，还学不会独立自主，那么吃亏的终究是自己。正如高虎与王友珠，他们不可能永远依赖父母一辈子。毕竟，父母终将老去。如果我们不想永远碌碌无为，不想连一个简单的拒绝，都需要靠父母；或是不想一张嘴，就惹得所有人都产生愤怒，那么努力走出父母的保护圈，开始慢慢学会自己飞出一片天空吧。

1. 学着自己去生活

对于80后和已经成年或大学毕业的90后们，为了锻炼自我生活的能力，我们不妨从父母的家中搬出，自己尝试着去租房子，去收拾屋子。尽管从小娇生惯养的你，会有一丝紧张，生怕被坏人欺骗，但是这是你真正走向成熟的第一步。你需要一个人与房东交谈，一个人去做饭，去购物，遇到不合理的事情也需要一个人去拒绝，这对于个人能力的提高是非常关键的。

当然，自己学着去生活的同时，也要学会保护自己，例如研究一下如何找到安全的出租房。而在生活中倘若遇到自己着实无法解决的问题，也不忘联系父母寻求支持。但是请记住：我们只是咨询父母，而不是让父母来为自己做。

2. 多参加一些礼仪培训班

目前，社会上有很多礼仪培训班，能够教会我们如何正确处理社交、职场中的人际交往方法，这也是不错的学习途径。通过礼仪培训班的培训，再加上与培训班中同龄人的交流，我们也可以掌握不少独立待人接物的技巧。当然需要注意的是，我们一定要找那些正规的培训班，不要图便宜反而造成更大的损失。

最后，还有一个非常重要的提醒：不少80后已经为人父母，为了不让孩子走自己的老路，那么，请你不要再溺爱孩子！从小培养孩子的独立性，教会孩子正确的待人接物礼仪，这样当他们长大后才会拥有独立人格，才会敢于说"不"，才会正确说"不"！

别为了别人的肯定，就牺牲自己的人生

"在别人的眼里，我是这个家里的顶梁柱，是这个单位的领导。那么多人都在看着我，我怎么可能拒绝他们的求助？是的，我很累，可是，我没有选择。并且，我需要他们的肯定，来维持我现在的状态。"

影视作品中，我们经常会听到主人公发出类似的感慨。而现实生活中，这样的人同样不在少数。是的，这样的人大多很优秀，能够应对很多问题；但是这样的人也很悲哀，需要别人的赞同，才能得到内心的满足。毕竟，这类人通常属于精英群体，他们背负的压力会很大，所以，也经常被别人的肯定所包围，被一种看不见摸不到的虚名所困扰，就连普通人都可以说出的"不"字，却因为种种原因，最后不得不咽回肚子里。

作为一名企业的中层领导，苏鹏简直就是每一个人的楷模：他不仅需要照顾年迈的父母，还要照顾刚刚十岁的孩子及妻子，同时还有几十个下属。追求生活品质的他，无论生活多么忙碌，还要在周末亲自下厨，给孩子和妻子做上一顿丰盛的晚餐。

按理说，拥有如此丰富人生的人，应当是快乐的。然而前一段时间，苏鹏却只身走进了一家心理诊所。面对医生，苏鹏说出了自己的困惑："我感到自己的压力好大，甚至我自己已经忘记，最后一次说'不'到底是什么时候。不是我不想说，可是，毕竟自己身在这个位置，拒绝不仅会影响人际关系，甚至还有可能导致更多的问题出现。"

医生说："会出现什么问题呢？"

苏鹏解释道："孩子还小，拒绝他，必然让他伤心；工作上的事情更不用说，高层交给我的任务，这是我没办法说'不'的；下属提出的要求，基本上都是合理的，我也没办法否决他们。总之，我感觉自己就生活在聚光灯之下，我很难自由自在地生活。"

医生继续问道："那么，你要这么努力，并且很少拒绝的目的是什么？"

苏鹏想了想，说："因为我需要所有人的肯定。从小我的条件不好，但是经过努力，我一步步走到了今天。所以，我无法拒绝别人，一来是为了证明自己的价值，二来是为了维护现在的位置。"

其实，从苏鹏最后的回答就可以看出，他最大的困惑不在于如何拒绝，而是在于太过在乎其他人的评价，心甘情愿地活在别人为自己设定的生活中。对于这样一位成功人士来说，想必对于掌握拒绝的语言技巧来说丝毫不是问题。但是，对于自我设定的严重偏移，使其陷于困惑之中不可自拔。

当然，从苏鹏和医生的对话中还可以看出：小时候较差的条件，同样也是影响其不敢拒绝的重要原因。说到底，这还是有一定的自卑心理在作祟。事实上，很多成功人士都有这样的问题：因为小时候的窘迫导致成年后过分追求所谓的成功与评价，刻意将自己"绑架"，用一种圣人的标准来要求自己。并且，自己的社会地位越高，这种情况就会越明显。

所以，太多表面上看起来风光无限的成功人士，私底下却承受着痛苦的煎熬，以至于连一个"不"字也不敢说。

其实，这些成功人士，不是没有发现这个问题，只是他们还是因为所谓的评价、地位，等等，找不到解决问题的方法。那么，我们又有什么好的建议送给他们呢？

1. 尝试着远离核心位置去观察

中国有一句古诗：不识庐山真面目，只缘身在此山中。我们的困惑，其实正源于此。远离核心位置，以局外人的身份来观察，有时候反而会让我们的头脑更加清晰。

例如，身为部门领导的你，不妨在某一段时间向高层申请暂时放开权力，做一个普通员工观察团队。这时候，你就会发现：虽然自己很重要，但其实短暂的消失，并不会完全影响团队的正常运转。同时，你还会发现：对于一些过去你觉得不能拒绝的问题，实际上完全不是如此。用另外一种方法，同样可以达到目的，并且会更加合理。

2. 告诉自己：尊重不是讨来的

每一天，我们都要这样告诉自己："别人对自己的尊重，是因为自己的能力优秀，而不是因为讨好他人。自尊心的建立，在于自己的能力，而不是别人的肯定。"这样的语言，我们不妨每天多重复几次，从而加强内心的坚定。当这句话被自己完全熟记之后，你再去观察周围，这时会发现，其实有些人，尤其是高层领导是渴望听你的拒绝，渴望听见你说出不一样的看法的。高层之所以提拔你，并不是因为你完全服从，而是在于你有能力带领团队，更有能力创造奇迹，而不是机械化地服从！

3. 别害臊，经常去找心理医生沟通

对于如今这个竞争激烈的社会来说，每个人都或多或少有些心理疾病。事实上，为了别人的肯定，就要牺牲自己的人生，这种心态正是一种心理疾病的体现。所以，定期与专业的心理医生进行沟通，将自己的困惑告诉医生，用科学的医疗手段解决心理问题，这不失为一个好方法。

千万不要觉得，去看心理医生很丢人、很害臊。在经济发达的美国，据统计18岁以上的成年人中，有26.2%的人都曾有过心理疾病或看过心理医生。而这其中，既有普通的美国民众，也有领导者，可谓早已实现全民化。一些高级企业家，如盖茨、巴菲特等，甚至还有自己的专属心理医生。连这些闻名世界的大人物都需要心理医生为自己排解内心，更何况我们呢？

4. 学会健康的生活

改变自己内心最有效的方法，是健康的生活。即便我们的地位再高，也要学会释放压力。工作之余，和朋友们小聚；节假日之时，带着全家一起郊游；受到团体活动邀请，如户外骑行、体育场竞赛等，也不妨暂时放下手头工作，让自己紧张的情绪得以缓解一下。通过这些活动，我们能够感受到什么才是真正的生活，并在这

个过程中观察其他人是怎样交流的，是如何拒绝的。当我们能够活得轻松一点，不再那么在乎别人的评价，这时候也就有了敢于拒绝他人的勇气。

学会拒绝的核心：给自己做决定的权力

为什么，我们总是不敢开口拒绝？表面上看，这是因为我们害怕驳了他人的面子，伤害了他人；但如果透过这个现象看本质，我们会发现：其实不敢拒绝的一个重要原因，是因为很少自己去做决定！

想想看，没有拒绝习惯的你，是不是在听到朋友说晚上吃什么时，总是回答："随便，我听你的。"

想想看，对同事的要求总是直接答应下来的你，是不是在公司的会议上，遇到选择题时总是回答："老板你看吧，我都可以做。"

是的，正是因为从来不愿自己做决定，所以久而久之，这种习惯让你变得同样不愿表达真正的内心，不愿说出"不"字。内心里，我们将真实的自己彻底隐藏，变得没有底线，变得犹犹豫豫，更变得无比纠结。因为，拒绝同决定一样，必然会产生痛苦，决定会产生割舍，这让人痛苦；拒绝会伤害感情，这同样让人痛苦。

所以，想要学会拒绝，那么首先就应该赋予自己做决定的权力。当我们渐渐地敢于发言、敢于讲出自己的看法之时，我们才有勇气去做否定的回答。这是建立自我定位，建立内心强大的必经之路。

　　其实，有太多的人都有这样的问题，就连我们熟悉的一些大人物，也都因为这样的心态，让自己吃了不少亏。

　　美国前总统罗纳德·里根小时候并不是一个容易被瞩目的人，甚至还有些怯懦。有一次，他需要做一双皮鞋，于是来到一家定制鞋店。鞋匠问里根："你是想要方头鞋还是圆头鞋？"

　　里根一下子愣住了，因为他根本没有考虑过这个问题。于是，鞋匠让他想想再来。里根想了好几天，终于有了自己的想法。一个星期后，他在街上碰到了鞋匠，鞋匠问他："怎么样，想好了吗？"

　　已经有了答案的里根，却突然变得纠结起来，不知道为什么只是说："我，我还没有想好到底哪一款适合我，先生您可以帮我决定吗？"

　　听到里根这样说，鞋匠点了点头，说："那你两天后来取鞋吧！"

　　两天后，里根再次来到鞋店。这时候他发现，鞋匠给自己做的鞋子，一个是方头，一个是圆头。本来，他想拒绝收鞋，可是想到这是曾经自己说的，于是无可奈何地收了下来。看到沮丧的里根，鞋匠说道："我知道，此时你很想和我说'不'，但是因为前几天你让我做决定的，所以你无话可说。这是我给你的一个教训，要记得，你要学会自己做决定，这样，你才有否定我的机会！"

　　鞋匠的一番话，让小里根陷入了沉思，然后又用力地点了点头。长大后的里根，回想起这件事，说道："这件事给了我一个教训，让我明白必须学会自己做决定。如果犹豫不决，就等于把主动权都给了别人，将来即使想拒绝，也会因为自己的选择而哑口无言。总是想着让别人替自己做决定，那么后悔的一定是自己！"

一件小事，让里根看到了自己身上的问题，从而扭转态度，开始尝试自己做决定，这才有了未来敢于说"不"的基础。试想，如果一个人连判断都不敢做，那么即便说出"不"，又怎会让人信服？甚至，对方还会因为你的否定，对你的印象大打折扣。

单位要举办运动会，科长让小邓也要参加。科长对小邓说："你看你是跑步还是打乒乓球？"小邓其实擅长跑步，但是因为想到这是科长的话，所以没敢多说什么："我，我听科长的安排。"

"好吧，那你就去打乒乓球！"

谁知，到了运动会正式开始的那天，小邓却说什么都不敢上球台了。他说："科长，我，我不会打乒乓球……我更擅长……"

小邓还没说完，科长却生气了："你现在和我说不会？当初我问你的时候，你怎么不说？那你就别打了，回去吧！这次咱们科的脸，都让你丢光了！"

看着怒气冲冲的科长，小邓顿时哑口无言。他很懊悔，为什么不在第一次做选择的时候，就说出自己的问题呢？

是啊，如果小邓能够在科长让自己做选择的时候，或者在科长替自己做决定的时候，提出自己不同的看法，那么怎会有后来的问题？所以说，一个没有习惯让自己做决定的人，那么他的拒绝必然也是无力的、苍白的，甚至是惹人厌的。

所以说，要想学会拒绝，那么首先我们要给予自己做决定的权利。你是否已真正做出了攻克难关、超越障碍、改变人生的决定？你是否克服了做错决定的恐慌？如果没有，那么你依然无法查准自己的定位，依然不配说"不"！

那么，我们该如何学着自己去做决定呢？

1. 不要总是说"对不起"

不善于自己做决定的人，同时还很喜欢说"对不起"。因为在他们看来，自己的错会导致很多问题出现，所以总怕自己害了别人。正是这种心态，才让我们更加不敢自己做决定。所以，当我们在犯了错时，一定要告诉自己："这个错误真的很严重吗？是否有人表现出了不满？"如果答案是否定的，那么你就会逐渐放弃掉那些无所谓的认错。也许在一开始，你会觉得内心充满不安，但是只要坚持下去，你会发现有些错误无论是谁都是不可避免的，这时候你就会变得坦然许多。

2. 遇到事，不要总征求别人意见

不善于自己选择的人，还有一个特点，就是喜欢什么问题都问别人。正是因为这种想法，反而会刺激了身边的一些人总是帮助你做决定，久而久之你就产生了习惯，遇到问题就要立刻求助。所以，为了杜绝这种问题，我们就不要总是征求别人的意见。我们不妨从小事入手，例如生活用品或衣服，努力试着去自己买，即便出错了，也要自己做决定。当渐渐习惯了不再万事求人，你也就敢为

自己做决定了。

3. 不要总是模仿别人

还有一种人之所以不敢自己做决定，是因为在面对选择之时，总会想："如果是×××，他会怎样做？之前他遇到的同类问题，是如何决定的？"这种思维一旦形成定势，那么你势必会不由自主地拿出电话，拨打给你的求助人。努力控制自己的心态吧，用自己的思维去做判断，并不断地告诉自己："也许我的想法，比他会更好呢！"这样，我们就有了自己做选择的勇气！

如果你能做到这些，那么渐渐地，你就不会在遇到选择时而感到不安，让自己的气场产生变化。当你可以做出选择，并说出自己的看法时，那么你的拒绝，同样会不请自来！

远离那些纷杂的声音

也许在心中，我们已经有了这样的打算："从今以后，我将自己做决定！遇到不合适的求助，我就要立刻说出不！我的人生，不需要别人来定位！"

看起来，这份决心信誓旦旦，似乎从今以后，那个总是不敢拒绝的你，将就此脱胎换骨。可是，实际情况又是如何呢？当下一次遇到别人的要求时，尽管我们内心重复了一万遍"要拒绝！要拒绝！"可是到了节骨眼儿，却又一次丧失了坚定，再次低着头说："好的，好的……"

为什么会这样？难道是我们的决心还不够吗？不！其实，我们之所以又一次放弃了拒绝，很大一个原因就在于——身边有太多嘈杂的声音，让我们迷失了自我；各种干扰纷至沓来，于是，我们不得不再一次被别人的言语所控制，变得毫无自主性……

总爱帮助人的小惠，这天突然在微信群里和大家说："各位，接下来一段时间，你们有什么事情都别找我啦！我决定给自己放个假，而不是天天被你们拴着，哼！"

刚发完，群里立刻就炸锅了：

"姐，你说的是真的假的？"

"开玩笑呢？你是那种能闲得住的人吗？"

"哎呀，大家体谅下小惠，真的，咱们麻烦她不少了，也让她缓一段，以后还要继续用呢！"

看着大家的回复，小惠笑了笑，说："我说的是真的，不开玩笑！"

的确，小惠是应该尝试着和没完没了的求助说拒绝了。本身工作就比较忙的她，却经常收到各种朋友们的请求，小到一起逛个街，大到帮忙联系装修公司，这其中有很多事情都是小惠并不了解的。可是，善良的她总是一口气答应下来。结果时间长了，她自己也有些吃不消了，自己的家庭生活弄得一团糟不说，有时还要倒贴钱帮忙，可谓出力不讨好。

所以，小惠下定决心，和过去的自己说再见！

不过，就在第三天，微信群里的一个姐妹又在群里喊道："小惠姐，快出来！我家下周要去欧洲旅游，家里有一窝金丝熊，我可不可以放到你家里？"

小惠回道："真对不起，我前天刚说的话你没有看到吗？再说，我家孩子还小，这些小动物放在家里，估计百分之八十都会被孩子给踩躏死……"

刚说完，群里有人回复道："哎呀，小惠姐，孩子小才要多和小动物玩呢！这才能培养他们的爱心！"

"是啊！再说你这段又没有特别的事情。你前天说的，我们都忘了！"又有人附和道。

见有人和自己站在一起，那个求助的姐妹撒起娇来："我的好姐姐，你就再帮我这一次，好不好吗？等我回来，我给你带欧洲好吃的……"

看着大家你一言、我一语的，小惠也觉得有些过意不去了，最后还是说道："好吧，那你把金丝熊拿来吧……"

放下手机，小惠叹了口气，自言自语道："这到底怎么回事儿？"还没想一会儿，她不得不站起来打开电脑，去查询养金丝熊的各种细节与注意事项……

小惠一开始的说明和拒绝，不可谓不坚定。从心底里，她决定重塑自我，努力培养自己的自主性，这本是一件好事。可惜，突如其来的声音，让她对自己的行为产生了困惑，从而让自己的决心遭受了动摇。结果一瞬间，她又回到了过去的样子，成为所有人眼中的"大姐姐"，再一次被人定位，丧失了自我。

当然，我们也无法指责小惠这样做就是错的。毕竟，作为群体动物，人必然会受到各种外界声音的影响，并做出一定的改变。相信，很少有人能够在所有人都指责的情况下，依旧独善其身、我行我素。毕竟，我们不能带着坚硬的刺，和所有人开始对抗。

那么，难道说我们就不能拒绝了吗？遇到其他声音的时候，就必须选择妥协吗？

当然不。遇到需要拒绝的事情，我们自然还是要说"不"，但是，我们可以巧妙运用一些手段，将那些干扰的声音隔离在外：

1. 拒绝时，摆脱无关人士的干扰

如案例中的小惠，如果她在被求助时，是通过单独交谈的方式与对方进行交流，那么她怎会被其他人所影响，所干扰？所以说，如果想要拒绝，我们就应该和当事人私下单独沟通，而不是让其他无关人士在周围发表意见。很多时候，我们的放弃就是因为"众口铄金"，所以在以后的时间里，我们应该摆脱人多嘴杂的环境，学会说"不"。

例如，我们可以在微信群里说："好的，我知道了。不过这会儿我有点忙，不太方便回复你。稍等一会儿，我找你咱们私聊！"这样一来，其他人也不好立刻做出回复，而你也能在私下的环境中拒绝。

2. 要敢于反驳其他的声音

其实，我们收到的那些干扰之声，很多时候都是起哄，因为这

件事和他们本身并无关系，他们只是带着玩笑的心态随声附和罢了。这时候，只要我们简单地反驳一句，其实大家就都会不再多说什么了。当然需要注意的是，这种反驳也尽可能带有调侃和玩笑的气质，以免太过生硬引起大家不必要的误会。

例如，我们可以这样说："你们说得怪轻巧，你们干什么不帮忙啊？求各位饶了我吧，我最近真是有心无力，劳烦各位让我喘口气吧……"这样一来，大家都会会心一笑，不再纠缠于你。

3. 沉默一段，降低自己的活跃度

为什么，打你拒绝之后，会有更多反对的声音出现？很大一个原因在于过去你就是一个积极和活跃的人，因此只要你一说话，大家无论是因为玩笑还是其他原因，总想和你再聊上几句。正如案例中的小惠，过去她就喜欢在微信群里和朋友们谈天说地，所以当她一说话，自然就会吸引很多人加入话题。

为了以后避免这种情形的出现，从这一刻开始，我们就应该适当降低活跃度，让自己渐渐"潜下去"。久而久之，当你不再是群体的核心，不再是一个"话痨"之时，你再发言就不会引得所有人倾巢出动，这时候又怎会还有太多的声音来干扰你，让你无法自我定位？

你的幸福婚姻，只能由你自己决定

中国有一句俗话：媒妁之言，父母之命。尽管对于21世纪来说，自由恋爱早已成为常态，可是我们依旧能偶尔听到这样的故事：因为某种原因，一对男女在不相爱的情况下，不得不走入了婚姻的殿堂。表面上看，夫妻双方的父母很高兴，周围的朋友很高兴，可是没人注意到这一对夫妻并不幸福。

眼看已经过了三十，在外打拼的刘京却依然没有结婚。这下，可让还在农村生活的父母着了急：以村子里的习惯来说，这个年纪的男人，孩子都应该上小学了！所以，他们不由分说，将刘京叫回了老家。

看着愤怒的父亲，还有哭哭啼啼的母亲，一向坚强的刘京，不得不妥协了。没过一个月，他就在父母、亲戚的安排下，和本村另一位姑娘结了婚。可想而知，这一对夫妇之前根本就不认识，他们的结合，完全只是因为父母的话，所以不要说幸福，就连平常的交流也不多。

刘京很郁闷，和村里从小一起长大的玩伴喝酒，说出了自己的苦恼。朋友拍着他的肩膀说："这种事多正常啊，现在没感情，不代表以后没感情。就这么先过下去吧，你想想你的爹娘。"

朋友的话，让刘京无法反驳。所以，他只好努力和妻子去交流、去沟通。但是，他的妻子从小就没怎么出过村子，而刘京从大学开始已经在外生活了十年有余，可想而知，他们的沟通是多么不顺畅。一个月后，刘京必须返回单位了，于是新婚没多久的夫妻，就这样开始了两地分居的生活。

就这样过了半年，刘京感觉实在无法支撑下去了。虽然他每天都会给妻子打个电话，但是两个人的思维根本不在一个频道，所以说起话来都是非常客气，就像两个陌生人一样。他的妻子显然也意识到了这一点，所以也很少嘘寒问暖。终于，刘京选择了离婚，他对那个女孩说："对不起，我们这种结合，实在是太过于莫名其妙了，我相信，你也不愿意过这样的生活。其实，我们每个人都有自己的生活方式，所以我祝福你，能够在以后找到真正适合你的另一半。"

的确，刘京是个孝子，他没有忤逆父母，选择了由父母安排的婚姻。可是，这份婚姻的痛苦，只有他来承受。

现实中，这样的故事不在少数。如刘京这样的人，其实应了这样一句话："强扭的瓜不甜。"任何一个人，如果勉为其难，在另外一些人的强迫要求下做某一件事，这都是违背本心的，自然不可能快乐。尤其是对于婚姻大事而言，夫妻双方结婚前都没有过交流与接触，这样的婚姻怎么可能开花结果？

退一步讲，即便刘京最终没有离婚，那么结局又是如何？有了孩子，只好凑合着过日子。什么问题，彼此都藏着不说。结果到头来，家庭气氛永远都是阴暗的、沉重的、消极的，夫妻带着沮丧的心情相互面对，甚至造成心理扭曲。同时，这种情绪以后还会影响到孩子，他们从小就看着父母貌合神离，心中有说不出的压抑，对家庭失去信心和信任，最终对婚姻产生恐惧。结果，第一代人的悲哀，就这样又遗传给了下一代。

所以说，为了一时的父母之命、媒妁之言，我们牺牲了自己后半辈子的幸福，这有些过于得不偿失了。

当然，我们也知道，这一切都是因为父母对我们的期许。作为孩子，我们不可能和父母进行激烈地辩论。我们能做的，是将自己的想法和原因给父母说清楚、讲清楚，让他们理解我们，只有这样父母才能理解我们的拒绝。

1. 让父母安心

与父母争吵，这是拒绝父母逼婚的大忌。其实，我们应该想到这一点：父母之所以逼婚，是因为觉得你的生活太不安定，父母完全无法安心。所以，如果你的生活不进行改变，那么即便吵得再激烈，他们也会唠叨不停。

拒绝父母逼婚，第一步正确的做法应当是：冷处理父母的逼婚，尽可能少说话。私底下，我们要改变自己的生活状态，让自己活得健康，例如每周都有一定的社交活动，不时也会透露一下和某个异性关系比较近，工作尽可能稳定，这样至少他们会暂时认为你正在追求幸福，因此就会少说几句。

2. 告诉父母，对方和自己不合适

如果父母已经帮我们物色好了另一半，那么我们应该语重心长地和父母进行交流："是的，我知道你们渴望能让我尽快结婚。但是对方真的适合我吗，你们是否真的考虑过？我们彼此并不熟悉，

如此仓促地结婚，如果将来不合适又要离婚，那么你们不会难过吗？现在的离婚率这么高，你们不是不知道，难道你们要让我走这样的老路吗？"

真诚的语言，最能打动他人。所以，我们就应该用这样的对话方式，来拒绝父母的逼婚。当然，在说完这些之后，我们不妨补充一下："如果你们真的很喜欢他，那么我们可以去交往一段时间，然后再看彼此是否真的合适。给我一定时间，也考察一下对方，这不是会更好吗？"

3. 告诉父母，自己对对象的要求

对于父母执意要求我们结婚，我们不妨提出自己的要求，以此来暂时拒绝父母的逼婚。例如，你可以这样对父母说："有一个稳定的工作；长相不要求太好，但至少和蔼可亲，自己看着非常舒服；会做饭；能够接受结婚后一年再要孩子的观点，我还有很多工作需要打拼。更重要的，是人品好，能够孝敬你们。"

其实，提出这样的条件，正是为了让父母知道：你们介绍的那个异性，达不到我的要求，我对婚姻很认真，有更高的要求！通常来说，父母对婚姻各方面的看法倾向于保守，我们提出高条件就是让父母感觉到："孩子说得有道理，这个的确不合适！"从而打消逼婚的念头。

最后，还是要提醒各位"剩男剩女"：尽管这些方法，能够帮助你拒绝父母对婚姻的干涉，但这依然只是暂时性的。如果有机会，我们依旧需要找到最适合自己的人生另一半，这样我们的生活才能美满，也避免父母陷入对你无穷无尽的操心之中！

提醒自己：我不是救世主

也许，你一直都是朋友圈里的好人，遇到问题，大家第一时间都会想到你；

也许，你是公司中的核心人物，碰到解决不了的事情，大家都会给你打来电话。

渐渐地，你成了朋友圈中的明星。甚至，还有人将你称作"救世主"！

能够被所有人认同乃至钦佩，这当然是一件好事，证明了我们有一个怎样的好人缘。可是，我们是否一个人扪心自问过：我真的是救世主吗？无论任何人的任何求助，我都能够轻松解决吗？

其实仔细冷静想一想，我们会得到很多否定的答案。事实上更多的时候，我们并非是救世主，而是救火队员。我们到处去救火，不可否认帮助很多人解决了很多问题，可是好心办坏事之事，也不是没有过。再仔细想一想，其他人之所以找我们来帮忙，是不是因为自己已经有些飘飘然我是他们的救世主，他们就指望着我呢！

丁伟是一个年轻人，更是一个有求必应的年轻人。所以，他在朋友们的口碑中很好，很多人经常找他办事。他也是乐此不疲，久而久之就产生了一种幻觉：原来我是这么重要，无论在哪里，谁都不可能离开我！

然而，最近接连的两件事，却让这个一向骄傲的年轻人有些迷茫了。

去年年底，丁伟的好朋友小风和女友结婚，两人准备去普吉岛好好度蜜月。临行前，他们找到丁伟，想让他帮忙照顾一下自己的宠物犬。其实，丁伟的妻子不喜欢小动物，所以想让丁伟拒绝这个帮忙。但是，也许是帮人帮惯了，丁伟想也不想地毅然答应了下来。等朋友走后，他还向妻子发了脾气："我每次都帮他们，大家都拿我当神一样看，你让我拒绝，就是不让我在朋友面前直起腰杆！"

最后妻子拗不过他，有些生气地睡觉去了。谁知刚过两个星期，就因为这条狗，丁伟惹上了麻烦事。丁伟平常需要上班，所以这条狗主要由妻子看着。有一天早上，妻子正站在阳台上晾衣服，突然这条狗冲了过来大叫，吓得妻子从凳子上跌落，摔伤了自己不说，倒下来时还砸伤了小狗，并且伤得不轻。

得知消息的小风夫妇，提前回国。看着在宠物医院躺着的小狗，小风的妻子埋怨起丁伟，说："既然你照顾不好，干吗要答应我们帮忙！"有些"妻管严"的小风也随声附和起来。丁伟气不打一处来，心想："我妻子还摔伤了，你们怎么一点都不关心！你们过去是怎么说的，可现在却来指责我！"

一波未平，一波又起。丁伟在一家金融公司上班，几天后公司委派他和另外一个同事出差。按理说，同事负责这次出差的账目记录，但是他为了和当地的一个老同学见面，就委托丁伟来做。

面对这种求助，丁伟自然毫不犹豫地答应了。而就在审核之前的财务单时，丁伟觉得有一个地方不太对，于是打电话给同事。同事在电话里说："那都没有问题，我早已经审核过了！"

丁伟没多想什么，就继续帮他做完了。谁知回到公司，麻烦就来了：经理找到丁伟，让他解释中间的一个纰漏，并强调如果解释不清楚，就立刻辞职走人。丁伟急忙带着经理找到那个同事，谁知同事却咬定根本没有处理过这笔款，并且强调最后的财务单上的笔迹，也都是丁伟一个人的。丁伟百口难辩，最后不得不离开了公司。

走出公司，丁伟一个人把自己灌得烂醉。他一遍遍自言自语道："这到底怎么回事儿？过去，他们不是这样对我的！"

其实，无论是宠物风波还是辞职风波，丁伟最应当做的就是果断拒绝。可惜，潜意识里他早已以为自己是一个"救世主"，什么事情都能做好，因此根本不考虑实际情况。因为一次又一次地帮助他人，所以我们有了一个很好的口碑，但这也给自己带来了奇妙的幻觉，从而再没有拒绝的能力，这是这类人的一个共同特点。不可否认，他们热情，也能力过硬，但他们没有意识到：自己只是人，不是神。

其实，我们都明白这样一个道理：在这个世界上，等待帮忙和救助的人不计其数。遥远的非洲，还有很多难民也等着要被解救，难道这样的事情，你也要管吗？但是，你能管得过来吗？

道理简单，但我们被自己的幻觉所蒙蔽了，最后只落得如丁伟一样的下场。有同情心和乐于助人的好品格是好事，但同情心泛滥，不顾自己的实际状况去助人为乐就会将自己陷入进退两难的境地，最后无法收场。

我们已经看到了"救世主"的危害，那么接下来，我们就要用合理的方法，撕掉身上的标签，做一个既能帮助，又能拒绝的普通人：

1. 想想自己的客观条件

听到有人求助，我们首先要做的，是想想自己有没有这个能力提供协助。如果没有，那么可以直接和对方说明实际情况，相信对方也会理解你。当然，如果你愿意继续提供帮助，那么不妨给他提出合理的建议，例如朋友想将宠物狗寄养于你家，在你拒绝之后不妨说："我知道×××比较喜欢小动物，并且他的家人也不反对，你去找他帮忙，一定没问题！"这样，对方就会感激你提供的信息，依旧视作你帮了他一个大忙。

2. 给自己一个犹豫的机会

"救世主"最喜欢做的，就是直接打包票："放心，交给我，一定行！"从今以后，我们要学着给自己一点犹豫的时间。听完对方的要求后，我们不妨说："给我点时间，让我考虑一下可以吗？"在经过一定时间的分析后，再给对方做出答复。我们要思考的，不仅是自己能否完成，更要想一想这件事是否会耽误自己的事情，是否还会有一些隐患存在，这样才能避免不必要的麻烦出现。

当然，在表示考虑一下的同时，我们最好能给对方一个准确的时间，这样才能体现出自己一贯的诚信。而如果确认无法帮忙时，我们也一定要坚定地说不，不要因为对方的几句劝就丧失自己的原则。

Part 5
守住底线就能有底气说"不"

　　为什么，我们总是那么容易地被干扰和影响，明明到嘴边的"不"字，却在最后一刻又心不甘、情不愿地咽了回去？很大一个原因，在于我们没有底线，很容易放弃真实的想法。所以，建立底线思维，给自己一个不能突破的红线，这样再拒绝时，我们也就会变得掷地有声。

有一根红线，我们要绝对守护

拒绝，永远都不是一件简单的事。对于朋友们在生活上的请求，不懂拒绝，就会让自己陷入疲于奔命之中，完全丧失自己的空间；但这只是影响我们个人的生活罢了，还有一种情形，如果不懂拒绝，那么会导致更大的问题出现。尤其在商业领域，如果错过一个说"不"的机会，那么就会快速丧失主动权，最后一败涂地也不是不可能。

再如，当你在公开场合因为某个话题和人进行辩论，但没过一会儿你却连任何反驳的话语都说不出口，那么你的形象势必会遭受侵害，甚至被进一步传播。

正是因为如此，我们会经常看到这样一句话：不一定每一件事情都要拒绝，但如果触碰红线，那么就要果断说"不"，这是做人的原则。也就是说，我们要形成"底线思维"，在底线之上的，没有拒绝并非"十恶不赦"；但如果触碰了底线，就必须大声说"不"，并且没有一点讨价还价的余地。这就像战场上的外围阵地：如果这圈阵地已经被猛烈攻击，我们却依旧毫无反应，那么阵地一旦被攻破，就会引发一系列连锁反应，轻则不得不丢盔卸甲，重则直接被对方所歼灭。

唐琪是一家外贸公司的谈判代表助理，就在今年，他刚刚升级成为正式谈判代表。能够走到这一步，他自然非常高兴，但内心也充满了忐忑。上个月，他前往香港去谈一单项目，这是他第一次独立去做谈判，所以自然很想来个开门红。并且，总公司也给了他很大的压力："如果做不好，那么就取消正式谈判代表的职务。"

　　也许是总部的压力太大，也许是太过紧张，第一天的谈判，唐琪觉得自己做得很不好，对方完全吃准了他的底牌，知道他是个新人，决策权不多，于是不断提出各种苛刻条件，价格眼看已经压至最低了。虽然总公司没有给唐琪说明最低条件是什么，完全需要他自己判断，但是他感觉到，如果再这样下去，估计这个项目即使签了合同，回到上海也不会有好日子过。

　　晚上，唐琪沮丧地回到宾馆，打电话给自己的一个前辈。前辈听完他的描述，问道："那么，合同签了吗？"

　　唐琪说："还没有。不过，我真的是没勇气再提价了。你不知道，对方那种咄咄逼人的气势，让我真的没法开口说不了……"

　　前辈想了一会儿，说："小唐，现在你听着我的建议。等一会儿，你就直接给客户打电话，表明对这单生意有新的想法，自己已经重新做了测算，发现了一些新的情况，并有了最低价格。你一定要强调，这是总部的加急传真同意的，所以无论怎么谈下去，这个底线不可能突破。"

　　唐琪说："这样真的可以吗？"

　　前辈严肃地说："小唐，如果你被对方牵着鼻子走，那么你在这一行将永远做不长。并且，他们的这个价格的确已经有些过分了，如果你一旦答应下来，那么就等于开了一个口子，将来传出去，所有的客户都会要求以这个价位进行合作，否则就取消。想想看，这会给我们公司带来多大的灾难？"

唐琪拍了拍脑袋，说："这一点，我怎么没想到！"在感激了一番前辈后，他立刻和客户进行了沟通，并强调了自己的底线。果然，在第二天的进一步谈判中，对方尽管有所不满，但还是同意了唐琪开出的价格。最终，这单生意顺利签下，总公司对唐琪的初次表现也赞赏有加。

正如前辈所说的那样，倘若唐琪继续被对方压制，依旧不敢开口拒绝，那么带给唐琪的，显然是职场上的大灾难。幸亏唐琪在前辈的指点下，下定决心守住了那条红线，这笔生意才得以以一个正常的价格签订。

生意场上如此，生活中的各个方面都是如此。试想，如果在一个公开场合，有人不断地对你开玩笑，你却一直都没有任何反应，那么结局会如何？所以，"守护那根红线"，这不仅只是一种行为，更是一个内心的原则。牢记这根红线，我们才会高屋建瓴，意识到会产生哪些负面后果，这样我们才能在第一时间说出"不"，以避免可能出现的恶劣后果产生。

当然，想要守住最后的红线，这需要我们建立一套科学的、系统的思维体系。以下这几个方法，可以帮助我们在遇到事情之时，牢牢地守住自己的阵地：

1. 对于关键利益，我们拒绝出让

无论我们做什么事情，终极目标就是实现利益的收获。所以，无论在交谈中，我们与对方的沟通是如何顺畅，彼此之间如何相见恨晚，但只要牵涉到核心利益，我们就必须做到绝不妥协，不能再退。这方面，尤其以合同条款、工作回报为重点。

2. 自己的尊严，同样是一道红线

现实中，我们经常会看到这样的情形：为了守住底线，有的人不惜贬低自己，牺牲自尊去央求对方。事实上，这是完全要不得的。出卖自尊即便达到了目的，对方从此以后也会给你贴上"窝囊"的标签，将来再次合作时，依旧会采取这种方式让你难堪。要记得，共赢是在公平的基础上产生的，自尊这条红线，我们万万不可触碰。

3. 尽可能提供让人信服的数据

想要让对方信服我们的红线不可突破，那么除了言语上的拒绝，如果条件具备，那么尽可能提供让人信服的数据。因为很多人都有这样一种观点："你所说的内容，不过都是侃侃而谈，我们如何知道你说的都是真的？"为了打消对方的这种想法，也为了在拒绝时更加有底气，我们不妨给对方看一看让人信服的数据，例如其他客户的成交价、本公司的成本组成，等等。以翔实的数据做武器，这是最能够让对方哑口无言的。

为什么，他们敢说不？——守住灵魂的防线

在中国的历史上，陶渊明是备受推崇的一位大师。其不仅文采卓越，更加活得自由洒脱，即便面对高官厚禄的邀请，也是挥挥手绝尘而去。所以，很多人都发出了这样的感慨：什么时候，我们才能活得如陶渊明一般？

是的，如陶渊明这样的洒脱拒绝，是很多人都追求和向往的。但是，为什么我们却做不到这一点？很简单，陶渊明能够守住灵魂的防线。他知道，自己真正想要的是什么，所以才不会被纷扰的世界所影响。正所谓"事能知足心常泰，人到无求品自高"，这种境界是我们不得不仰望的。

其实，拒绝有时候就是这样简单，找到你的人生底线，那么你就不会感到困惑，不会感到纠结，不会因为是否拒绝而彻夜难眠。从小到大，我们的人生道路上都充满了各种诱惑。不管你承认与否，你的所作所为都有一定的诱因，包括拒绝。

想想看，是不是当听到有人告诉你，下一个项目能赚上百万时，我们的拒绝之心产生了动摇？

想想看，是不是有人和你说，今晚会进行疯狂的狂欢，这时候你到嘴边的拒绝却说不出来？

不是我们不会拒绝，而是我们被内心的欲望所迷惑了。紧接着，我们就忘记了拒绝，忘记了自己真正的追求，从而在生活中迷失了自我。

除了陶渊明，还有更多的人，他们都守住了灵魂的净土，所以在拒绝时显得从容不迫：

杨震是东汉名臣，在荆州、东莱等地都曾任官。在去东莱任职的途中，他途经昌邑，当地的县令王密闻讯前往拜会。王密之所以可以走上仕途，正是因为杨震的举荐，所以听闻恩人路过，就带上了十斤黄金作为礼物。

两人见面一番寒暄后，杨震得知他还送了这样的礼物，立刻拒绝起来："故人知君，君不知故人，何也？"

王密回道："已经这么晚了，有谁会知道呢？"

哪知，这句话让杨震非常生气，说道："天知道，地知道，你知道，我知道，怎么可能没人知道！"

王密这才意识到，杨震是真的生气了。他急忙收回礼物，并再三致歉。

杨震之所以能够名镇东汉，靠的就是这份对底线的守护，绝不会因为黄金而丧失原则，所以自然拒绝得异常果断。试想，如果杨震动了心思，收下这些黄金，那么未来势必还会继续收礼。久而久之，他就会忘记自己的原则，最终被钉在历史的耻辱柱之上。

中国古代有这样的故事，在现代经济社会，这样的人也不少见。

杰克在美国经营一家汽车维修店。这天，一家自称是某运输公司的汽车司机前来，并对他说："先生，我需要修车，但是希望你能在账单上多写一点，这样我能拿到更多的报销。请你放心，我也会给你留出一点的，算是你的好处费。"

杰克听完，顿时有些生气，但还是客气地拒绝了。见他不上钩，这位司机继续说："放心，以后咱们还有更多的合作机会，我会让你赚得越来越多！"

杰克冷冷地说："对不起，请您离开我的店。我是不可能答应的。造假，将会侵害我的原则！请你立即离开！"

这个时候，这位司机居然笑了。他一把抓住杰克的手说："终于，我找到了一家让人值得尊敬的维修店！其实，我就是那家运输公司的老板。遇到你这样的生意人，我怎么可能不合作呢？"

面对诱惑不心动，不为其所惑，这是杰克的人生追求。也正是这份追求，让他拒绝了一开始看似甜蜜，实则陷阱的汽车司机。这样的人，才是真正懂得人生的人，并且绝不会因为是否拒绝而终日纠结。

对于任何一个人来说，诱惑一开始都像是一坛美酒，它散发出的美味让人陶醉；喝上一口，还会为之神魂颠倒。但是我们没看到的是：倘若真的陶醉其中，那么就会喝得酩酊大醉，在迷迷糊糊中丧失了理智，惹上诸多不必要的麻烦，最终因为自己的这种选择懊悔不已。

那么，我们该如何学习陶渊明、杨震、杰克，在守住底线的时候去拒绝呢?

1. 强化自己的意志，提高自控力

生活中，随时随地都可能存在诱惑。面对诱惑想要拒绝，唯一能依靠的就是自控力。所以，当我们受到诱惑时，首先要做的就是平复自己的心情，仔细想想背后是否有陷阱。我们可以用凉水冲脸，也可以走出户外深呼吸，给自己一个思考的空间。当我们能够在冷静中意识到背后的风险，也就可以说出自己的拒绝了。

2. 培养高尚的志趣

我们之所以在面对诱惑时忘记拒绝，很重要的原因在于志趣较低。所以，从这一刻开始，我们就应该培养高尚的志趣，让自己成为一个有正确人生目的、崇高情操的人。培养志趣的方法有很多，我们既可以多写座右铭，并将其粘贴在明显的位置，时刻提醒自己；也可以联系"口头指令"，在遇到诱惑时利用口头命令强迫自己暂时放松；还可以养成写日记的习惯，记录下各种诱惑，以此来进行自我监督。这些方法，都能够让我们获得抵御诱惑的精神力量，从而在遇到诱惑之时敢于说"不"。

3. 远离品德低下的人

通常来说，对你进行诱惑的人，通常都是品行不端之人。所以，想要摆脱诱惑的干扰，最重要的就是"亲贤臣，远小人"。如果发现一个人有诸多陋习，那么我们就应该学会远离他，对他提出的各种要求更应该提高警惕。当我们主动对他进行疏远之时，他也会感受到彼此的距离渐渐拉大，慢慢地也就不会再纠缠着你。当我们的身边都是一些品德高尚之人时，那么我们就很难被这些小人影响，从而不再被诱惑所迷惑。

归根到底，生活中充满诱惑的东西有很多，物质的诱惑、金钱的诱惑、权力的诱惑，等等，它们看起来非常美好，但我们不可能全部获得。如果不懂得拒绝，那么等待自己的，往往是惨痛的结局。有所弃，才能有所得。学会守住底线说"不"，我们才能收获精神上的净土，把握自己的人生之舟。

拒绝得寸进尺，你的帮助是有底线的

《闲人马大姐》这部电视剧，相信很多读者都不会陌生。由蔡明扮演的马大姐是个热心人，热衷于处理街坊邻里的家庭琐事，并传为一段佳话。现实中，如马大姐这样的人同样不在少数，喜欢帮助他人解决一些力所能及的事情。

乐于助人，这当然是好事。著名心理学家阿德勒曾经表示："帮助他人，才是人类实现自我价值的最佳途径。"不过，如果为了帮助别人，却让自己陷入另一种困境，这显然不是一件好事。毕竟，帮助别人需要占用自己的大量时间，而如果我们从不拒绝，那么势必会忙得不可开交。只顾着帮别人的忙，自己的事情却做得很少，这当然会极大地降低自己的工作效率。

当然不可否认的是，总有一些人，会一而再，再而三地央求我们帮忙，甚至有些要求已经违背了原则和底线。面对这样的人，如果我们不懂得守住底线，依旧毫无保留地帮忙，那么久而久之，我们就会被贴上这样的标签："他这个人什么忙都帮！以后有什么事情都找他！"

就算是马大姐热心肠、不上班，恐怕也不可能永远义务劳动，永远不忙自己的事情，更不会帮助一些坏人做坏事。所以，帮助人是好，但是，我们也要保留自己的底线，拒绝得寸进尺！

孙强大学时期，是学生会主席，很热心帮助同学们的工作。到了工作岗位也是如此，很热衷于帮助同事。这个同事太忙，来不及做计划书，他就帮忙把文本格式做好；那个同事中午加班没时间吃饭，他也会帮忙带上一份饭回来。所以，孙强在单位里有很好的口碑。

这天，孙强的一个同事要连夜加班，于是找到孙强说："孙强，我手头有个客户的资料，需要录入进数据库，你看，你能帮帮我吗？"

孙强听完，皱了皱眉头，说："咱们公司有规定，客户资料一对一跟进，不能随便泄露，包括同事。再说，我晚上也有一件重要的事情要忙，这次真不好意思。"

"你，你怎么这样呢？让你帮个忙，又不是让你干什么？"同事显然有些不高兴。

孙强义正词严地说："真的，不是不帮，而是咱们有明确规定。你说其他事儿，我推辞过吗？我不能因为帮忙就破了底线！"

恰巧，有一个很佩服孙强的新人庄羽听到了他们的对话，急忙说道："没事，我来！哥，你交给我！"

看见有人主动帮自己忙，同事当然很高兴，将资料递给庄羽就去忙了。孙强拉住他说："庄羽，帮助人没有关系，但是，有原则的事情，你不能就这么……"

庄羽说："孙哥，你太小心了！没事，我注意点就好！"

看着庄羽，孙强摇了摇头。

没想到，最后的结果还是让孙强说中了。因为庄羽的粗心，他那份重要的客户资料录入错了，还不慎在玩微博时进行了共享，结果，客户资料被泄露，老板大发雷霆。最后，还是孙强的求情，让这件事得以解决。

庄羽有些不服气，找到孙强诉苦。孙强说："小庄，你要记得，虽然帮助别人可以让你在单位里有个好名声，但是底线不能碰！第一，你不能耽误自己的工作；第二，不能破坏单位的规矩。否则，到头来吃亏的只有你！"

小庄与孙强相比，显然还太稚嫩。对于帮助别人，孙强很能把握住度，首先是不耽误自己的事情，同时还能很好地控制住底线。毕竟在工作中，每个人的职责都是明确的，你没有义务在别人的工作上插手，而且有时候你帮他人做了，还会涉及越权问题，不仅不会得到好处，还有可能会被上司批评。但小庄显然没有意识到这一点，结果捅了大娄子。

所以说，学雷锋固然很好，但是我们也要有底线地学。帮助是有限度的，我们不能听到对方有要求，就立刻放下手里的活去帮忙，哪怕明明知道对方的要求是违反原则的。这就像一个不会游泳的人，听到有人要你下河救人，你根本不拒绝就往水里跳，这不等于自找苦吃吗？

当然，如果我们有帮助人的好习惯，那么就应该保持下去。毕竟，乐于助人无论在哪个时代，都是值得赞扬的。我们需要做的，是找到一个平衡点，找到一个底线，在帮助人的同时，也能够根据原则说"不"。

1. 建立明确的个人原则

想要和他人说"不"，我们就要建立一个个人原则，明确哪些事情是会拒绝的？哪些时间段，我是不会提供帮助的？为什么我要建立这样的原则？这些内容，即便不形成纸质文件，我们也要在脑海里有一套完整的说辞。

并且，这个原则尽可能让其他人知道。这样，即便真的有人又来找我们帮助时，我们就可以轻松回绝，而不必背负着太大的道德压力。例如，有人想让你帮忙通过其他渠道进购设备，这时你不妨说："对不起，咱们进货有专门的渠道，这是单位规定的。其他的事情，我可以帮你，但是这件事是让我犯错误，我不能冒这个险坏了原则，请你谅解。"这样的回复滴水不漏，对方也不好再说什么了。

2. 说明真实的理由

对于一些好朋友提出的要求，并且这个要求并没有违反原则，这时候我们不妨说："真是对不起，今天我的确有一些自己的私事要去处理，实在没有办法帮助你了。并且，我也的确不擅长这个，即便真的让我做，估计到头来是一团糟。"你的朋友，一定会体谅你这样的拒绝。所以，不必担心拒绝就会伤了朋友的感情。

总而言之，帮助人没有问题，但是这必须是在原则线之上的。否则，你不仅会每天陷入帮助别人、忘了自己的"苦力"之中，还会因为一些不合理的要求，反而给自己、给他人带来大麻烦。

不要为了小恩小惠就放弃原则

俗话说得好："吃人家嘴软，拿人家手短。"其实，这正是古人对于"拒绝"的大智慧。当因为一时的贪念而享受了别人的好处，那么就意味着：我们丧失了和对方沟通的主动权。尤其是当对方有求于我们之时，一旦因为贪念而突破底线，那么此刻再想拒绝，说出来的拒绝就会毫无力度。

小昭是一个年轻有为的小伙子，在一家国企农机企业上班。做事雷厉风行的他，几年后就成为了生产科科长。不少人都觉得，未来小昭还会取得更大的成绩，甚至成为厂长也不是不可能！

这天，小昭多年没联系的大学同学马耀辉来看望他。小昭知道，马耀辉在另外一家民企农机厂上班，目前也是一个小领导。按理说，因为同行业的缘故，小昭应该尽可能避免私下的会面，但他没想那么多，两人相约到了一家档次不低的酒店叙旧情。小昭刚走进包间，就看见老同学早已坐好，并且还带了两瓶价格不菲的白酒。小昭急忙说道："咱俩人老同学，点这么贵的酒干什么啊？"

马耀辉说："这有什么，听说你都已经成为科长了，咱们就要喝好酒庆祝一下！"

听到马耀辉这么说，小昭也没再多说什么，两个人坐下来开始叙旧。在吃饭的过程中，小昭发现马耀辉点的都是一些比较贵的菜，诸如鲍鱼等，这让小昭有些意外："按照这个架势，应该是马耀辉结账。可是他为什么点这么贵的？难道对我有所求？"

也许是因为喝了酒的缘故，小昭并没有提出疑问，和马耀辉继续觥筹交错。几个小时后，两个人喝得酩酊大醉，马耀辉叫车帮忙给小昭送回了家。上车的一瞬间，马耀辉又塞了两瓶好酒到小昭的怀里。

几天后，小昭接到了马耀辉的电话："小昭，快帮帮哥们儿吧！我们厂最近准备新研发一款设备，但是有个齿轮在测试时总是短轴，我们工程师根本没办法！你们公司的设备比较高端，你不是负责生产吗？能帮我把那设计图给我看一下吗？你放心，我看完立刻还给你！"

小昭吓了一跳，这种要求可是要命的！因为这牵涉到了公司机密文件，根本不允许其他公司看。所以，他吓得急忙说："哥们儿，这我可不敢，出了事儿我担待不起！"

马耀辉笑着说："小昭，前两天咱俩喝酒的时候，你可不是这么说得啊！你可是说，天大的忙你都一定会帮！"

顿时，小昭无话可说。毕竟，这是他说过的话，并且他还连吃带拿让老同学破费了差不多小一万元，这个时候如果拒绝，以后就没法再相处了。不得已，小昭将设计图纸拍成了照片，通过电子邮件发给了马耀辉，并再三嘱咐它千万不要对外宣传。

小昭提心吊胆地过了两个月，眼看没事，以为风平浪静，谁知就在这个时候，厂长带着公安直接到了他的办公室，并宣布其被带走调查。原来，马耀辉的厂直接用小昭给的图纸，设计出了与他们厂一模一样的设备，这引起了相关领导的注意。而经过一番调查，小昭与马耀辉的行为也浮出水面……

老同学聚会，这本身无可厚非，可是，小昭却没有守住底线，因为他早已"吃人嘴软"，所以根本没法拒绝对方的要求。最终，他不得不自食其果。

案例中的小昭，其实他已经有了疑问，倘若在饭桌上就直接提出，那么相信后面的事情，一定就不会发生。可惜，一失足成千古恨，仅仅是一点好处，就让他忘记了自己的原则，更堵住了说"不"的嘴。

因为一点小恩小惠就放弃原则，这是得不偿失的行为。不过，与朋友聚会小酌，这也是人之常情。那么，我们该如何既与这样的朋友保持联系，又能守住底线和他说"不"呢？

1. 以彼之道，还施彼身

为了杜绝朋友以后给我们提出一些不合理的要求，当我们在接受了朋友的邀请后，不妨也找个机会邀请对方一次，这样双方就可以扯平，当他提出要求时，你也不会因为内疚而感到无法拒绝，同时还能保持之前的关系。需要注意的是，你的回请时间不可拖得过长，否则对方提前提出要求，你依旧无法再拒绝。一般来说，三天之内找到合适的时机回请，这是比较恰当的时间。

2. 直截了当地提出疑问

如果你产生了怀疑，那么不妨就在饭桌上直接提出疑问。当然，我们可以将语气变得活泼和亲切一些，例如说："咱俩多少年没见面了？无事不登三宝殿，可别说你就是单纯地想找我喝酒啊！提前和你说，涉及原则的事，我可不能帮忙！说吧，到底什么事儿？"这样一来，你就掌握住了话题的主动权，并给接下来是否拒绝做好铺垫。如果是举手之劳，那么我们不妨帮帮朋友；如果涉及底线，那么就可以坚定地说"不"。

3. 找个借口，推给"莫须有"

也许，我们与对面的朋友关系非常亲近，直接拒绝不免有些伤面子，这时候我们不妨这样说："兄弟，你这个事情，我能理解。可是你找我，真是找错人了。虽然我有机会拿到你想要的东西，可是这个东西拿出来必须要三位经理同时签字，否则谁也不可能看得到！你也别难为小弟我了，如果很容易，我能不帮忙吗？"这种借口，其实完全是一种谎言，但它合情合理，所以即便对方心里有一百个不满意，却也不好和你多说什么。

你不是其他人的"挡箭牌"

"哥们儿，能帮我一个忙吗？你听我细细说，这事儿有点复杂……来，咱们到那边没人的地方说……"

生活中，我们一定听过朋友说这样的话。当我们听下去之后，多数都会发现：这件事非常有风险，否则的话不会搞得如此神神秘秘。为了自己的安危，同时也是给朋友提醒，多数情况下，我们都会选择拒绝，并对他进行劝阻；但是，对方却总习惯一意孤行，有一些人最后还是被朋友说服了。结果到最后出了问题，被你一语中的之时，他就会再一次找到你，让你帮他收拾烂摊子。

面对这种请求，我们该如何办呢？不去管他，会被看作是没有义气；帮了吧，却又惹火上身，结果给自己惹下不少麻烦。最后，我们不得不硬着头皮选择了帮助。

可是，你总是这么做，是否想过：帮这个忙，其实已经突破了底线？为了所谓的义气，你是否想过要承担更多的风险？

潘海涛和李亭是一对好朋友，两个人从小就认识。两个人的关系好像弟弟与哥哥一般，潘海涛喜欢玩闹，而李亭则较为稳重。很多时候，都是李亭照顾着潘海涛。

大学毕业后，这一对好朋友一起到了上海去工作，并在闵行区合租了一套房子。来到这座大城市，潘海涛异常兴奋，又结识了不少新朋友，所以每天都是过着花天酒地的生活，有时候还会把朋友们带到家里狂欢。一晚上下来，屋里早已是一片狼藉，他却总是借口太累、太困不愿意收拾，最后还是李亭打扫残局。

　　李亭不是没有想法，可是看着这个从小和自己一起长大的玩伴，他又能说什么呢？

　　潘海涛还有一个毛病，那就是干什么都是三分钟热度。今天兴趣盎然地抱回来一只小狗要养，结果没过一个星期，就不愿意再管了；明天嚷嚷着要把屋里的格局再调整一下，结果没干一半，就大呼小叫地喊累；后天说要去钓鱼，头一天跑到超市购置各种设备，结果第二天早上却迟迟不肯起床……

　　可想而知，最后这些烂摊子，都是由李亭去解决的。

　　这些事，都是生活中的琐碎事，所以李亭尽管有时候气不打一处来，可还是容忍了潘海涛的行为。不过，后来的一件事，却让李亭后悔莫及。

　　在上海工作一年后，李亭攒下了一笔钱，然后买了辆二手汽车。潘海涛得知也很高兴，就死缠烂打要借出去开几天，说是让朋友们也看看。李亭犹豫了很久，最后还是把车钥匙给了他。谁知道，潘海涛喝完酒后开着自己的车撞坏了一处市政建设，但他因为害怕，选择了逃跑。

　　几天后，警察根据视频录像，找到了李亭。这时候，他才知道这件事。他立刻找到潘海涛，谁知潘海涛此时却说："哥，我是真

156

害怕！我真的不敢去，哥，这事儿你帮我顶了吧！我又没有撞到人，就是罚点钱就能解决了！"

这一次，李亭终于无法忍受了："海涛，我是你的朋友，不是你的挡箭牌！这些年，我帮你解决了多少问题？你每次向我开口的时候，我说过不了吗？可是这一次，我不可能答应你！如果你不去自首，我现在就让警察直接进来！"

听到这里，潘海涛吓得赶忙抱住李亭，可是无论他如何说，李亭再也不愿意帮他收拾烂摊子了。

试想，如果李亭继续为潘海涛收拾烂摊子，那么结局会是怎样？恐怕不仅只是罚款、拘留这么简单。如果被警察调查出顶罪，那么等待他的只有牢狱之灾！

那么，为什么潘海涛敢于提出这样的要求呢？因为过去的李亭有一些没有原则，总妥协为潘海涛收拾烂摊子。朋友之间互相帮助，这本身无可厚非。但是，什么事情都有个度，如果没有底线地为朋友收拾烂摊子，变成他的"挡箭牌"，那么这份友谊也在无形之中开始变质，久而久之就将荡然无存。更甚者，做"挡箭牌"的一方，还可能会因为收拾残局，而让自己惹上麻烦，惹上官司。我们一定要了解，中国的法律中有包庇罪、窝藏罪，等等，如果一旦被警方调查发现，那么等待自己的同样是身陷囹圄，以及相关民事赔偿责任。

所以，无论我们与朋友的关系多好，我们都必须学会拒绝对方的过分要求。尤其是涉及底线的事情，我们绝对不能突破。

1. 明确告诉朋友，自己的底线在哪里

也许在一段时间内，朋友因为各种原因，需要我们经常性帮忙，那么在答应他之前，我们就应该和他说明：哪些事情自己责无旁贷，哪些事情自己不会去做。例如，朋友让你处理一些工作，你可以和他说："我能做的，是帮你将格式内容、文本内容整理好，但是具体填写和计算方面的事情，我不能做。因为，这些内容涉及你的工作核心，一来我并不了解，二来这是你本身应该做的事情，如果让领导知道是别人帮你完成的，那么相信你一定会受到批评。"

相信，如果你的朋友懂礼貌、识大体，那么就会接受你的赞同部分和拒绝部分，而不是纠缠着你全部处理。

2. 言辞说明原因，杜绝朋友的执迷不悟

如果朋友执迷不悟，依旧要求你帮助他收拾烂摊子，这时候，你就不要再被其他因素所困扰，而是应当直言告诉他："我不是你的'保姆'，所以更不会为你闯下的祸端负任何责任。如果你真的是我的朋友，就不应该把我向火坑里推。"

这样的拒绝尽管看起来有些不近人情，可是这正是我们为了保持底线而不得不说的话。并且，如果你的朋友真的与你交心，那么他就会收回要求，向你道歉。这个时候，我们不妨安慰他一下，然后可以帮忙提出一些解决问题的方法。

帮助人有限度，不做别人的参天大树

俗话说得好：背靠大树好乘凉。的确，有一棵大树可以依靠，这会对我们的人生路带来很多便捷。不过，对于大树而言，它却要独自承担起遮阴的重任。试想，谁有能力整天为了别人，而放弃掉自己的一切呢？

很多时候，我们无法拒绝别人，就是因为没了底线，结果别人完全依赖上了我们，从而给自己带来了不少的困惑。想要活得轻松一些，我们就应该拒绝那种毫无底线的帮助，杜绝养成别人什么事都需要找自己的习惯，这才是人生的真谛。

唐平最近很累，逢人便说："我这个男人做的，简直疲惫得要命！"

唐平是个很优秀的男生，从小学习好，并且也很有担当，大学毕业后进入了一家大型公司。因为能力过硬，所以很快他便成为部门主管，并且还收获了自己的爱情。

唐平的新婚妻子叫孙悦，是个很喜欢依靠别人的女孩子。当她和唐平结婚后，认定有了这样一个男人是幸福的、安全的。不过结婚没多久，他俩的问题就出来了。因为工作太忙，所以唐平很少有时间陪老婆，但习惯了依赖唐平的孙悦却什么家务都不太会做，甚至有时候吃饭都要唐平把碗端过来。

一开始，唐平还觉得很幸福，毕竟新婚小夫妻，什么事情都是浪漫的。可是时间长了，他也有些受不了了，不仅要忙工作，还要做饭、打扫屋子。尤其是有了孩子之后，唐平还要负责换尿布等事情，可以说几乎一个人把家里的事情全部包了下来。

不是唐平没有和孙悦谈过，可是他每次一说，孙悦就回答："结婚的时候，你不是口口声声答应我这一切都是你包办的吗？你不是说要做我的参天大树，让我在你的树荫下乘凉吗？"

听到孙悦这么回答，唐平也不知道该说什么，只好把所有的苦水都往自己肚子里咽。

照顾妻子，这本身是应当做的事情；但是如果妻子因此就变得有些蛮不讲理，甚至什么事情都丢给自己，这显然有些有悖常理了。而造成这种情形的原因，就是因为唐平过去太过宠爱妻子，甚至变成了溺爱，结果到头来他想拒绝妻子的生活状态时，反而却被妻子的拒绝弄得哑口无言。

不仅是夫妻之间，工作中、朋友圈，这样的情形同样不少见。正是因为我们如管家一般，将所有事情都一肩扛，心甘情愿地让对方完全依赖着自己，这才导致了如今自己疲惫不堪的情形出现。

那么，现在我们能做的事情是什么？

1. 告诉对方背后的故事

为了扭转对方过分依赖自己的心态，我们首先必须和对方坐下来，告诉他背后的故事。你可以说："也许你觉得我很优秀，无论社会地位还是收入都高于很多人，但是这都不是通过不劳而获得来的。你也知道，在我刚进入这家公司的时候，我谁也不认识，全凭自己一个人……"

接下来，你更应该提醒他，想要获得梦想中的生活，不靠自己，只凭别人的帮助，这是万万不可能的。当对方了解到你的经历，并从中得到了经验教训，理解到"靠别人不可能获得成功"之时，此后你再拒绝，就会变得顺风顺水，而他也不会再总是把你当成参天大树了。

2. 授人以鱼，不如授人以渔

对于一些能力有限的朋友，如果立即停止协助，这显然同样有些伤人感情。我们应当做的，是告诉他如何去完成，并给他提出一定的指导意见。不再直接帮助他把所有问题都解决好，而是鼓励他自己去完成，让他尝试着从零开始。如此一来，你教会他的是永世不会枯竭的技术，而不是暂时可以充饥的"大饼"。而当他逐渐学会了自己处理问题，也会感激你的经验传授，这样他得到了成长，而你也不会再因为拒绝的事情而陷入困惑了。

3. 两肋插刀后，与他分享经验

如果朋友陷入自己完全无法解决的困境，那么此时，我们就应该两肋插刀，帮助朋友解决难题。但是为了避免朋友从此完全依赖自己，在完成任务之后，你还应该告诉他是如何解决问题的，让他明白怎样处理类似的事情，并对他说："以后遇到这样的事，相信你自己肯定也能解决了。自己去奋斗，去解决，希望你以后能做到这一点，希望你能理解我的苦心。"

隐私不可碰，对"八卦记者"说不

每一个人，都有自己的隐私，这是任何人都不可以轻易侵害的，即便我们并不是社交名人。

所以，在人际交往之中，即便我们与对方如何坦诚，"个人隐私"这条底线，是不能轻易被突破的。相信每个人的身边，都有这样一类朋友：他们喜欢打听其他人的隐私，看起来就像是一名"八卦记者"一般，总是问这问那。面对这样的朋友，我们必须学会保护自己的隐私，大胆说"不"，否则就会给自己引起很多不必要的麻烦。

王景楠大学毕业后，顺利进入了北京的一家大型企业，每天都出入于高端写字楼，还结交了不少商界知名人士。不过，他也没有忘记老朋友，经常在周末和朋友一起相聚，大家都对他很友好。

不过，最近王景楠却遇到了一个烦心事儿，他的一个名叫董龙的朋友，经常在聚会的时候私下问他："你最近又和哪个名人见面了？和我说说！你看，下回能带我一起去不？"

这样的问题，王景楠倒还好回答，但还有一些问题，就让他实在不知道该如何说了："你和女友怎么样了？我怎么好久没听你说起她？你和我说说，你俩天天都干什么呢？对了，我记得你过去曾经肚子上开过刀，你女友知道吗？"

也许是因为王景楠已经有了一定社会地位，所以董龙对于王景楠有着太多的好奇，总是打探王景楠的私生活。一开始，王景楠还磨不开面子简单回答一些，但时间长了，他觉得自己的隐私似乎需要全暴露给董龙，这让他觉得非常不舒服。可是，两个人毕竟认识了快十年，王景楠又怎么好意思多说什么呢？

最让王景楠无法接受的是，有时候董龙还打探其他人的隐私，例如王景楠的一些商业圈的朋友。这些朋友都是社会知名人士，随意散播别人的隐私当然是不好的，但是王景楠又架不住董龙一遍遍地问，结果还是不免透露出了一些。

有时候，王景楠总是想到，如果这个老朋友在某个场合把这些内容讲给其他人，并且造成了非常不好的影响时，自己该怎么办？想着想着，王景楠不禁陷入了苦恼之中。

每个人的身边，似乎都有一个类似董龙这样的朋友，他们喜欢打听其他人的隐私，并且很善于"孜孜不倦"。他们的这种举动，多数并没有恶意，只是为了满足内心的好奇罢了，但是隐私就是隐私，我们怎么可能总是毫无保留地将自己、将别人的生活细节一一告诉他？如果这种情形一旦成为常态，那么会使他的窥探心理进一步恶化，给自己带来很多麻烦。

所以，面对这样的"八卦记者"，我们唯一能做的就是拒绝，守住隐私这条底线。

当然，面对这样的朋友，我们尽量不要用"无可奉告"、"暂时保密"等词汇，因为这样的语言太过正式，而对方又是带着一种好奇的心去问的，所以不免会让他感觉到你在刻意针对自己，从而给彼此的关系蒙上一层浓雾。

避免过于率直的拒绝，巧妙地把话说得柔和些，这是拒绝这类人的一个原则。而在这个基础上，我们要做的还有很多：

1. 不要纵容对方的窥探心理

很多时候，对方之所以总是想要窥探我们的隐私，是因为我们过于纵容对方的这种举动。例如，当我们悲伤之时，不免会找朋友倾诉，但如果毫无节制地一股脑都告诉对方，这就很容易激起对方的窥私欲。一次、两次之后，朋友不免不由自主地想要打探你的隐私。所以，要想避免对方过于热烈的窥探心理，那么在寻找到真正适合的倾听对象之前，一定要对自己严加管束，首先要耐得住寂寞，不轻易向人吐露心声。

2. 巧用语言化解"穷追猛打"

案例中的王景楠，不是不愿意拒绝对方，而是因为对方太过热情，总是一遍遍询问，结果让自己实在没法拒绝。面对这种"打破砂锅问到底"的朋友，我们不妨用一些巧妙的语言来拒绝，例如，当朋友问你天天和女友做什么时，你不妨如此回答："能有什么？还不是和你一样？"当他问你另外一个人的隐私时，你可以说："这事儿我还真不是特别了解，他和我在一起的时候，也没多说。所以我也不清楚！"

Part 6
工作中拒绝的艺术

　　工作中，该如何拒绝别人？这是困惑很多人的问题。面对同事提出自己却难以做到的请求，面对客户咄咄逼人的追问……这些职场上经常会发生的事让我们有些难以招架。其实，只要我们的脑子灵活一点，那么身在职场，我们依旧可以漂亮地说出"不"字！

如何拒绝上司的不合理要求

身在职场，我们首先要面对的人，自然就是上司。作为我们的直接领导，上司在职场中自然有着不怒自威的威严。所以，在面对上司之时，很多人就容易产生这样一种心态：上司的话，尽量不要去拒绝。接受领导的建议和工作安排，尽可能不去说"不"，这就成了职场很常见的现象。

不过，难道就是因为职务高低的不同，我们就不可以拒绝吗？当然不！想对上司说出"不"字，这的确不是一件容易的事，这牵涉的不仅是勇气，还需要大量的技巧和方法。

郭锐和孙磊在同一家公司上班，这个月，他们公司来了一位新的上司，并且具有"海归"身份。新官上任三把火，这位上司刚一上任就立刻提出改革计划，无论从上班时间到上班模式，都做了颠覆式的调整。

为了体现所谓的"民主"，这位新上司还进行了一次专门的会议，以此讨论这个改革计划。私底下，郭锐和孙磊也进行了讨论，他们一致认为，大规模地改变过去的框架和模式，会带来很多不必要的麻烦，甚至会动了公司的根基。

在说明会上,当新上司提出了自己的方案后,尽管很多人面露难色,但多数人选择了默不作声。这时候,郭锐站了起来,洋洋洒洒地念了三张关于这个方案的意见,并明确提出反对。结果,这位新上司的脸色越来越难看,最后说道:"在你看来我的这个计划一无是处,那么为什么你不是领导而我是!"

最终,这场会议不欢而散。而孙磊没有这么做,他结合新上司在会议上的说明,将现有方案及对方案的看法进行了总结,发到了新上司的邮箱。新上司看过后,将孙磊叫到自己的办公室,两人进行了深度探讨。没有了针锋相对和面红耳赤,反而更有利于思考与交流。最终,新上司肯定了孙磊的想法,并在第二次的会议上对方案进行了调整。

面对他人带有敌意的质疑和否定,很少有人能够心平气和地接受,更何况是在公开场合,上司面对下属的反对与质问。郭锐只是急切地想要表达自己的想法,却忽略了上司的立场和感受,所以他的话不仅没能让上司接受,而且让局面变得更糟糕。反观孙磊,他并没有在公开场合直接提出自己的拒绝,而是选择在私下解决,并通过邮件的形式给予上司一定的缓冲时间。这样,上司在反思了自己要求的不合理之处后,能够心平气和地与下属沟通,效果自然更好。

对于下属来说,上司的合理意见要听,不合理的要求要懂得拒绝。拒绝的方式有多种,上面的案例只是其中之一。拒绝不仅需要勇气,更要懂得技巧和方法。不懂得方法,就会像郭锐一样引起不必要的麻烦。毕竟上司也是人，毫不顾忌地批评必然会让人感到受伤害，所以我们必须意识到这一点，努力做到在拒绝的同时，又不伤人自尊。

以下几个细节，需要引起我们的注意：

1. 不要态度蛮横地说"不"

首先要记得：无论上司的要求是否合理，他始终是我们的领导。所以，态度蛮横地说"不"，不仅不能取得应有的效果，反而还会造成不必要的麻烦。

例如，当上司要求你接下来一段时间加班到深夜，而你却为了照顾家人不得不八点之前到家，这时候你不能直接和上司说："不，我不加班！"而是应当和上司坐下来，说明自己的情况，并表示如果可以，在家中同样也能完成相应的工作，这样既可以保证效率也能够保证精力。相信这样的拒绝，是绝大多数上司无法回绝的，因此就不再强制要求进行加班。

2. 不必追求立刻拒绝

对于上司的一些不合理要求，有时候我们不必当场拒绝，不妨暂时先迂回一番拒绝。例如，你可以对上司说："您能容我考虑一个小时吗？我需要安静下来思考一下，再给您最终的答复。"争取到这个时间后，我们不妨向大老板或是同事们求助，说出自己的疑问，找到解决问题的方案。当约定的时间到来时，我们可以利用大老板或是同事们的支持，说出自己的理解，并告知上司其他人的想法，这时候他就很难再进行不合理要求了。

3. 用"好的……但是"进行回绝

有的时候，上司交代给我们的工作，远远超过我们的个人能力，一个人根本无法完成，这时候，你不妨如此回答："好的，不过老板，谢谢您对我委以重任。但是，这个项目让我一个人完成可能会比您期许的时间要稍长一些……"这种回答方式，是很多领导都喜欢听的。首先，你没有回绝工作，这种态度会让领导欣赏；而同时，你也说出了需要协助等要求，这就会让上司根据实际情况，重新考量对你的要求是否过重。这种"好的……但是"的技巧，虽然最终目的是为了拒绝，但对方会感受到你的确进行了思考，所以就容易接受。

总而言之，身在职场，我们总会遇到上司的各种要求，合理的，我们当然要听取；但是对于不合理的，就要敢于有勇气、有技巧地说出"不"字，而不是选择默默承受，让自己陷入痛苦之中。

为了健康，拒绝无度加班

身在职场的我们，相信对一个名词非常熟悉：加班。当我们走出校园，走进职场的一刹那，"加班"就会成了我们的家常便饭，时常时针已经走过晚上九点，我们却依旧趴在办公桌上挑灯夜战。尤其是对于一些工作压力较大的单位来说，加班简直就是司空见惯的事情。

　　诚然，合理的加班要求，我们可以遵守；但是，如果天天都处于加班状态，并且老板也并不按照相关规定进行加班补助，那么这就有些让人吃不消了。但是身为一名职场人，又能怎么办呢？与老板咆哮、争吵，这显然不符合实际。

　　又到了夜里一点，樊伟拖着疲倦的身体，终于走出办公室，回到了家里。躺在沙发上，樊伟一动也不想动，他觉得整个世界都在旋转。

　　樊伟已经记不清，这是连续第几天的加班了。不知从什么时候开始，公司开始了无休止的加班，并且每天都要到接近午夜时分。不要说那些上年纪的老员工，就连樊伟这样不过二十五六岁的年轻小伙子，也都有些吃不消了。过去，他回来喜欢看看电视剧，再喝上一瓶啤酒，可现在他连打开电视的力气都没有了。

　　就在樊伟准备爬起来刷牙洗脸时，手机短信突然响了。他拿起一看，原来是领导发给自己的："方案还有不足，希望明天看到你更好的内容！"

　　樊伟叹了口气，知道今晚估计又是一个不眠夜了。他揉了揉眼睛，去洗手间洗了把脸，倒了一杯咖啡，就坐到了电脑前。樊伟三年前来到这家创业公司，早在实习期时经常加班，但因为他的能力过硬，所以很快便被转正。转正一开始的头一年，他享受了一番朝九晚五的生活，每天都很惬意。但谁知第二年开始，他就陷入了无尽的加班之中。虽然工资有了明显增长，可是自己的身体，他感到已经有些要垮掉了。

樊伟看着电脑屏幕，脑子一片空白。他不知道，到底是什么原因，让自己陷入了无休无止的加班之中？

相信樊伟的这种体会，不少身在职场的年轻人都感同身受。某一段时间内，因为某个重要的项目加班，这可以谅解。倘若此时拒绝，就会很没有职业操守；但如果每天都是处于加班状态，那么这就必须采取合理的手段了。要明白，很多时候老板并没有意识到这一点，他会以为所有人都如自己一样喜欢工作，这并非是老板故意刁难我们，而是因为的确没有意识到。所以，我们就应该让老板意识到这一点，这不仅关系着自己的权利，更关乎着自己的健康。

国外有一项研究显示，超时工作会带来很多隐患，尤其是心脏。研究人员发现，每天比其他同事工作时间更长的办公族，心脏病危险系数明显更高。除了心脏之外，人的精神健康也会被伤害。近年来，白领猝死的新闻不在少数，抑郁症、躁郁症患者也都呈上升趋势，这都与某些企业过分地超负荷加班有着密切的关系。

对于如今这个追求生命健康的时代来说，因为过劳加班而猝死的事却层出不穷，这就提醒我们，应该学会对无休止的加班说不，这样才能带着健康的身心投入工作之中。

那么，作为职场人的我们，该如何做呢？

1. 提前准备好应对措辞

对于加班，我们不妨做好提前准备。例如，我们可以在临近下班前一小时左右和领导说："领导，我今天需要正点下班走，家里有一些事。这会儿有什么需要临时处理的工作吗？我抓紧时间赶紧忙。"这样一来，领导既会感受到你的尊重，也会因为你的先发制人，不得不同意你的请求。

需要注意一点的是，你一定要明确摆出自己的观点。倘若你说的是"我今天可以不加班吗"，领导就会顺势说"不可以"，并且对你产生一种想要着急走的不好印象。

2. 借助法规，严词拒绝

事实上，最能够让领导无话可说的，是利用相关法规进行拒绝。倘若老板提出无理的加班要求，你可以用劳动合同和国家法律来当武器，为自己拒绝加班找到理论上的依据，并明确告知老板："不是不可以加班，但如果加班必须享受国家规定的加班补偿。"

最后需要提醒的是：如果一个公司的加班过多、过长，那么我们就应该考虑一下，是否可以换一份工作。不要因为加班，让自己的身心健康遭到损害。当然，如果加班要求合理，并且是短期情况，那么我们不妨遵守领导的要求，这才是一个称职职场人应有的行为。

灵活地拒绝同事的要求

身在职场，我们总会遇到同事们的求助。毕竟作为一个团队的组成，只有互相协作、互相扶持，才能成就最后的成功。然而，帮助也是要讲究原则的，如果同事向你提出的要求已经远远超出了正常的范围，那么，我们就应该坚定地说"不"。

当然，没有人喜欢被拒绝，所以对同事说"不"，我们一定要注意说话的灵活性，切不可因为简单粗暴的"不"，反而伤害了彼此之间的关系，给工作带来不必要的麻烦。

小林是单位里的骨干，因为能力过硬，因此很受领导的器重，也被很多同事佩服。这一天，小林正在办公室里忙，这时财务科的小郑走进办公室，说："小林，我下午有事要走开一会儿，你能帮我盯一会儿吗？应该没有什么事情的，如果有也只是一个小财务报表，我把具体填写方法都给你罗列好了，你看能帮个忙吗？"

按理说，小林是技术人员，对财务并不是非常了解，所以客气地拒绝本不是坏事，谁知智商过人却情商一般的小林，却这么回绝了小郑："这怎么可能？你怎么能把你的工作让我来做？就算会，我也不可能帮你做的。你要记得，我是技术人员，又不是你们财务人员！"

事实上，小郑也知道自己的要求有些过分，所以他并不准备抱有小林绝对同意的期望，如果小林婉言拒绝，他就再找其他同事。但谁知，小林却用这样一种态度和自己说话，于是不免也生气起来："不帮就不帮，何苦这么难听地说话？不要觉得，自己是技术人员，就可以对别人吆五喝六！"

说完，小郑气呼呼地摔门走了。从这以后，他总是有事儿没事儿地找小林的麻烦。毕竟，小郑是财务部门，各个部门的一些财务申请和手续都由他经手，所以到了小林需要办理财务方面的手续时，他就会百般刁难，让小林苦不堪言。不得已，小林只好私下单独找小郑请罪道歉。虽然最终小郑接受了歉意，但对小林的看法一直没有特别好转，小林也只好将苦水往自己肚子里咽。

智商过人，情商不高。如小林这样的人，在职场上还有很多，他们有着不错的职业操守，却没有足够的人际交往能力，回绝同事时总是生硬、乏味，因此尽管能力突出却人缘不佳，因此在单位中总是不能收获良好的口碑。

守住自己的底线是好，但是如小林这般"只有原则没有技巧"的回绝方式，同样是职场的大忌。轻者，我们与同事之间的关系不佳，导致在未来合作中磕磕绊绊；重者，和同事成为敌对的关系，结果因为各种各样的原因被对方孤立，让自己很难在企业中立足。

那么身在职场，我们应该如何处理同事的要求，如何做到合理拒绝呢？首先一个原则，就是先倾听，再拒绝。例如，当同事提出要求时，证明了他们内心有了一定的困扰，这时候，我们首先应该先去倾听，了解对方的内心，给予对方被尊重的感受。

例如案例中的小林，如果他可以让小郑继续说，比如是什么样的报表，离开工作岗位的时间会有多长，然后表示理解他的难处，然后再说出自己的难处：并不擅长财务报表、自己还有比较重要的工作要忙时，这就会给对方带来心灵上的抚慰和理解。并且，如果你愿意倾听完毕，还可以在拒绝的同时提出一些建议，这样同事不仅不会生气，反而还会对你充满感激。

当然，倾听只是一种方法，我们可以根据同事的性格，采取不同的拒绝策略：

1. 用幽默来拒绝

对于性格较为开朗的人，我们不妨用幽默的方式进行拒绝。来看这样一则案例：

美国总统罗斯福曾经在海军部担任要职。有一天，另外一个部门的同事兼好友，向他咨询美军的一个潜艇基地计划。罗斯福深知，这样的内容涉及军事机密，就连好友也不能说，因此，他用了这样一种方法进行拒绝：

罗斯福先是小心翼翼地左顾右盼了一番，然后低声说道："你能保密吗？"

"当然没有问题！"

"哈哈，我也能！"罗斯福笑着说道。

听到这样的回答，同事明白了怎么回事，也笑了起来，没有再去刨根问底。

罗斯福从头至尾，没有说一个"不"字，却用一种委婉含蓄、充满幽默感的方式，拒绝了同事有些越界的问题，从而起到了很好的效果。是想，如果罗斯福声色俱厉，会起到怎样的效果？恐怕同事顷刻会心生不满，原本的关系将会出现裂缝。

2. 拒绝同时承诺其他帮忙

在婉言拒绝的同时，表示自己愿意帮其他忙，同样也是巧妙拒绝同事的好方法。例如和同事说："真是不好意思，这会儿我手头的确非常忙，确实不好帮助你。要不这样吧，你先问问别人，我下午会不太忙，到时候一些快递、文件我帮你签收拿给领导，你看可以吗？"

这样的回答，不仅起到了拒绝的目的，还会给同事带来一种暗示：很愿意帮助你，只是暂时的确没有办法。如此一来，同事就会理解你的苦衷，心平气和地接受你的拒绝。

3. "含糊其辞"拒绝法

有时候，答非所问同样也能起到巧妙拒绝的目的。例如，当同事说："今天有空吗？咱们下午去客户那里一趟！"这时，你可以说："今天实在太忙了，要不然下一次吧！"

下一次是什么时候？今天忙什么？要忙到几点？你的回答里，并没有这些答案，只是一个含糊其辞的表述。但是，这已经强烈地说明：自己已经选择了拒绝。

当然，一定要注意的是："含糊其辞"拒绝法虽然可以达到目的，但是不可常用。因为，这种拒绝方式显得过于敷衍，如果长期使用，必然会给同事带来不好的印象，认定你对自己有意见，根本不愿意合作。

上司如何拒绝员工的某些要求

下属拒绝老板的工作安排，这样的故事我们屡见不鲜。可是，上司拒绝员工的要求，这样的事情，我们又经历过吗？

诚然，上司与员工之间，具有完全不同的职务关系，所以绝大多数下都是上级发送任务与命令，下级很少能有提出要求的机会。但是，概率低不等于没有概率，身为上司的我们，如果没有做好如何拒绝员工某些要求的准备，那么当做出不当的回馈后，反而也会产生非常不良的后果。

作为一家创业公司，林立峰从创业开始就几乎没有休息过，一直坚持了长达七个月的时间。对于工作，他总是抱着极大的热情，所以对于团队，它也同样如此要求。就是在这个"疯狂老板"的带领下，整个公司半年都没有过节假日，除非有员工的确生病，否则他就会要求全员上班。他经常鼓励员工："我们正在起步阶段，所以，希望大家理解现在的辛苦！等咱们公司走上正轨了，拿到VC投资了，我就请大家好好休息，一起去三亚旅游！"

一开始，员工看到这样的老板，自然也是充满活力，愿意与老板一起没日没夜地奋斗。可是时间长了，就有人受不了了，大家总是趁休息的时候凑在一起埋怨。爱打抱不平的小邓坐不住了，他代表全体员工找到林立峰说："林总，您看我们半年多都没有过正常休假了，您看是不是可以让我们适当休息几天？实话实说，我们的确非常疲倦，让我们休息两天，也可以更加……"

谁知听完这些话，林立峰暴怒不已："这个关键时候，你们谈什么休假！不可能！短期内，咱们公司绝对不会放假！"

林立峰的强硬，惹怒了小邓："公司是你的，我们不过只是打工的，凭什么让我们也和你一样像个机器人！告诉你，我们早就受不了了！我不干了！还有，我明天就去劳动仲裁部门告发你！"

"我看你敢！"

两个人就这样你一言我一语地争论了起来，很快其他员工也走进了办公室。当看到林立峰这种态度时，他们集体宣布辞职，并第一时间联系了相关媒体和仲裁部门。看着人去楼空的办公室，再看看客户要求的时间，林立峰顿时傻眼了。

林立峰的这个案例，当然是一个极端案例。但在现实中，诸如上司强硬地拒绝员工要求的实例，却非常非常多。在很多上司乃至老板的眼里，总会有这样一种看法：我是领导，怎么可能让下级给我提要求？如果我不强硬地拒绝，那么威严何在？

是的，威严，所谓的威严，让我们变得有些飘飘然，因此面对下属的要求，总是习惯了强硬。不是说我们对于员工的话全盘接受，更不是说我们不可以拒绝员工，但是，拒绝是讲究方式方法的。一味地强硬，只会让原本上下一心的团队产生裂痕，导致后院失火，正如林立峰这般。

所以，对于员工的某些要求，我们应当听完、想完后，再去做最终的判断。即便的确需要拒绝，我们也应该采取合理的方法说"不"。

以下这几种方法，都非常适合各位上司采用：

1. 拒绝加薪或升职

对于一些公司的老员工而言，当他们经历了几年后，有一些就会提出加薪或升职的要求。这时候，我们万万不可只答一句"不行"，因为这种敷衍的态度，会让老员工内心无比失望，产生离开公司的念头。要明白，老员工是一家公司的财产，万万不可轻易让老员工流失。

那么，该如何拒绝老员工的这种要求呢？我们不妨这样说："我知道你这些年很辛苦，我也有给你提薪和升职的打算。但是毕竟你们部门主管还没有提薪，所以现在涨薪势必会影响整个公司的架构，让公司内部出现各种矛盾，我想这也是你不愿意看到的。过一段时间，你们主管将会进行职务调整，如果你可以竞聘成功，那么提薪和升职自然水到渠成，你看可以吗？希望你能理解。"

说明情况获得理解，这才是一个成熟上司的应有所为。

2. 拒绝员工的休假请求

员工的休假请求，通常有这几种：正常休假；没有按照休假计划的规定办事；其他员工这段时间正在休假。

对于第一种情况，我们应当予以同意，毕竟这是员工的合法权益。而对于第二种情形，我们则要和员工说明："很抱歉，你的休假请求没有按照规定来做，我没法破例同意。同时，这段时间公司也比较忙，咱们不能缺人手。咱们公司有专门的安排休假计划，除非有特别事件，否则必须遵守，希望你能理解。"

而对于第三种情况，我们则不妨这样说："这段时间已经有人休假，而你又是关键人员，所以不好意思，暂时我不能同意。当然，你的申请我已经做了记录，当×××回来后，我们就会批准你的休假申请。"

3. 要求人事变动

如果你的员工提出人事变动，但事实上他原本的岗位非常适合他，那么我们不妨坐下来，和他好好沟通一番，咨询其中的原因。例如，是否因为人际关系，工作压力等。当他说出了心里话时，我们不妨和他说："其实，你想换个岗位是一时冲动，解决了这些问题，你还是会好好做下去不是吗？现在我了解这些问题，所以给我一点时间，我来解决这些，让你可以安心做下去，这样不是会更好吗？其实，你的经验和性格，非常适合这个岗位，其他岗位却和你格格不入，执意要转走，反而会给你未来带来更多麻烦。"

简单的几句话，就化解了员工内心的问题，并在潜移默化中进行了拒绝，这远比生硬的"不"字更有效。

当然，说了这么多的拒绝，事实上，真正的好上司、好老板是应该"同意+拒绝"并存的。例如员工的人事变动申请，如果的确符合他的追求和特点，那么不妨同意，否则反而会导致员工的内心产生波动，大大打击其积极性。员工的合理要求批准，不合理要求妥善拒绝。永远拒绝下属的要求，这不是一个优秀领导的所作所为。恩威并施，根据实际情况做出答复，这样才能建立较为和谐的内部空间。

让语言"拐一下弯"

待人接物，这是每一个职场人都应该掌握的技巧。但是，很多人在公开场合做得很好，但一旦遇到职场上的"生活事儿"，却显得六神无主。尤其是当职场上有了私下的邀约、生活的关注之时，就会不知道该如何拒绝，结果让工作、生活一团糟。

为什么如此？不是我们不懂得基本社交礼仪，而是因为相比较职场工作，"生活事儿"就会比较私人，用较为正式的社交拒绝语言，不免显得有些生分，甚至还会产生隔阂。所以，想要拒绝在职场上的"生活事儿"，我们就必须学会婉转，让语言"拐个弯"。

作为一名电脑公司的支援，方文斌一向勤奋有加，和同事们的关系也很亲近。这天，同事小董邀请他下班后一起喝酒，直言要给他介绍一个女朋友，并且非常漂亮。

方文斌不是不愿意找女朋友，但是，他知道自己和小董并不是同一种性格的人。方文斌较为内向，喜欢"宅"，而小董却是不折不扣的"浪子"，喜欢热闹的生活，夜场、泡吧样样精通，和这样的人在一起，不免距离有些大。

不过，方文斌尽管内向，却很懂得说话的方式。他想到：小董是一个热情开放的人，毕竟人家第一次邀请自己，如果直接拒绝，不免会伤害人家的面子。于是乎，方文斌灵机一动，说道："行啊，可是我晚上7：30之前必须要到家，我跟一个重要客户约好了7：30通电话的。我们快走吧，就一个小时，再耽误几分钟，别说喝酒了，饭都吃不完啦！"

"啊！这样啊，那算啦！哈哈，女朋友的事，我就介绍给咱们部门的阿龙啦！"

"哈哈，那你们好好玩！"

就这样，小董面带笑容地离开了办公室，两个人并没有因为这件事产生任何不快。

怎么样，面对同样的问题，你是否会如方文斌一般，巧妙地将拒绝说出口？也许，你早已如此说道："不了，我晚上还有事忙。"的确，这样也起到了拒绝的目的，可是这却在不经意之间，给彼此的关系蒙上了一层灰色，让原本良好的同事关系，变得尴尬起来。

其实，所谓的让"语言拐弯"，就是避免"说话太直"。如果你能够把拒绝的话说得八面玲珑，那么你可以使自己不必陷入两面为难的状态，反而会让对方感到一种好感；相反，如果话说得生硬，那么会给人留下这样一种印象：原来你不是不想去，而是不想和我去！

职场圈很复杂，生活中我们可以语言有些生硬，因为我们面对的是亲人，彼此非常熟悉，所以大家都会试着去包容；校园里，我们还在懵懂的年纪，所以语言不得体，也并不是十分麻烦的事情。但职场不一样，每个人既是上下级的关系、同事的关系，更是竞争的关系。对于工作本身而言，我们也许处理起来较为轻松，因为这不涉及生活；但如果在职场上谈论起生活，这就需要让语言"拐弯"，学会用太极式的语言进行拒绝。这样，别人立刻就会体会到你的难处，不仅不会再为难你，反而会觉得你是个值得信赖的人。

那么，在使用"语言拐弯"的技巧时，有哪些地方需要我们特别注意？

1. 口气一定和蔼

"语言拐弯"的一个重要组成部分，是口气和蔼。如果我们面带不满，甚至怒气冲冲，那么无论语言多么巧妙，都不能给人带来信服。例如：同事请你帮忙为他儿子上学的问题帮忙，你一定要态度温和地把拒绝说出来："你肯请我帮忙，我很高兴。但说句实在话，这件事我无论如何都没法帮你，原因有很多方面，稍微晚两天，我会给你一个解释。"

听了你的这番表示，对方是不会再强人所难下去的。因为简单的这一句话，事实上已经囊括了这几点：

（1）先表明谢意，让对方不产生挫败感。

（2）表明态度，的确没有办法帮忙。这样对方也没有理由纠缠下去。

（3）说明这其中有原因，而不是因为针对他本人不帮忙。这样对方就不会把你列入"敌对阵营"中去。

（4）随后进行解释具体原因。更进一步消解对方的疑问，避免双方未来出现隔阂。

2. 托词要灵活

拒绝经常会用到托词，这个时候，我们就应当让托词灵活一些，这样才能起到"语言拐弯"的目的。

刘文芳初来一家公司，因为面容姣好，因此不少男同事暗送秋波。这天，小周主动邀请她晚上一起吃饭，刘文芳想了想说："谢谢你小周，我刚刚到咱们公司老板就开会说，因为我是新人，希望我可以趁着业余时间多充充电，我自己已经报名参加了咱们公司的销售理财课，最近都需要加班补习，吃饭都在公司，所以实在不方便。等以后稳定下来，咱们再一起聚一聚可以吗？"

听到刘文芳这样说，小周也不再纠缠，一个人离开了。

尽管小周内心也许有些遗憾，但是刘文芳的这种拒绝，却让他也不得不信服，这远比一个"不"字要来得巧妙。不能受邀吃饭的原因不在于自己，这时候，小周就无法进一步提出要求，刘文芳简单的一句话既保护了自己，也保护了同事之间的关系。

3. 借力打力，巧用玩笑回绝

借力打力，有时候也能起到很好的拒绝效果。这种方法，讲究的是你顺着他的话，用一种玩笑的态度去拒绝，这样彼此都不会难堪。例如，一名男同事经常约你，这时候你不妨说："小王，我可听说你都找到女朋友啦，我可不敢去，万一嫂子生气了，我是跳进黄河也洗不清！除非，哪天你把你女朋友叫上一起，否则就别怪我不去！"如果这句话是在办公室讲的，让更多同事听到，那么效果会更好。大家会在笑声中散开，而对方也会明白你的意思，从此不再纠缠。

语言是一门艺术，会"拐弯的拒绝"，更是在职场上面对"生活事儿"必须掌握的技能。永远要记得，同事、领导不要轻易得罪，他们不是我们的家人，说出的话必须有所注意。这样，才能既给对方一个台阶，也给自己一个退路，更给自己的形象加分！

拒绝客户的不二法则

身在职场，面对哪一类人最难拒绝?

不是同事，不是领导，而是——

客户!

身为销售人员，我们必然天天与客户打交道。而在"客户就是上帝"的理念下，我们更像一位服务者，很多时候都是单方面地聆听。尤其遇到一些刁蛮的客户时，不要说拒绝，就是任何一句话都要反复掂量，稍不留意就会导致客户的不满，取消订单，拒绝签约，进行投诉……这些简直就成了家常便饭。

所以，拒绝客户，这是众多营销人员觉得不可思议的事情。

但是，如果客户提出的要求并不合理，或者客户的思路出现了偏差，难道，我们还要顺着客户的意思继续下去吗?

当然不!

学会拒绝客户，这是一个优秀营销人员最深层次的技巧。客户也是人，也有错的时候，这时我们要做的，就是通过一定手段，用一种不太明显的拒绝法，让客户自己意识到错误。这时候，我们不仅能促成单子的顺利成交，更能给客户留下一个极佳的印象。

美国有一家汽车销售店，有一天接待了一位苏格兰夫妇。这对夫妇对买东西很有经验，他们挑来挑去，让小营业员应付得手足无措。其实小营业员知道，他们无非是想让价格再低一点。

后来，小营业员实在忍受不了了，有些生气地说："我不卖你们了，你们自己找其他销售点去吧！"

汽车店的老板看到这里，赶忙向这对夫妇道歉，并亲自做起工作。他曾经拜访过钢铁大王卡耐基，有一句话让他印象深刻："不要试图强求那些犹豫不决的人买车子，学会拒绝他们一些看似奇妙的想法，引导他们自己决定，让他们自己拿主意，总之，让他们感觉买到什么样的车子是自己的意思。"

这对苏格兰夫妇开始继续选车子，并提出各种疑问。而汽车店老板，做出了以下这些回答：

"如果你觉得这辆车能够实现你们的目标，那么不妨试驾。可是，在我看来，这辆车是不是有些小了？"

"这辆车的确很好，从品牌到性能。可是，如果我告诉你它价值五万美元，你是不是觉得太贵了？"

"如果让我建议，这辆车很不符合苏格兰的风格，它更像是古板的英格兰人开的。"

终于，在这位老板的引导下，苏格兰夫妇找到了自己喜欢的汽车。离开时苏格兰女士说："你是我见过最特别的一个销售员！很抱歉，我的丈夫脾气不好，所以很多销售员被他搞得不胜其烦，最后吓得都不敢说话。但是，你不一样！"

为什么这位汽车店的老板，可以顺利促成单子的成交？很简单，他没有像普通推销员一样一味地捧着客户。客户虽然喜欢赞美，可赞美有时候并没有实际内容，不仅不能给自己的选择带来帮助，反而还会给自己带来困惑：我挑选过的你都说好，那么我该买哪一辆才是最好的呢？

这家汽车店一开始的小店员，正是犯下了这个毛病，所以最终才忍无可忍。但汽车店的老板不一样，他用一种不动声色的拒绝，首先肯定客户的眼光，再帮助客户筛选掉众多汽车，最终买到了心仪的汽车。

所以说，客户当然不是不能否定的。有时候，先顺后逆，肯定后再接着几个简单的否定，反而会更加激发他们的购买欲望，最终做出判断。

很多销售人员，在与客户的攀谈过程中，都会有这样的问题：要么一味赞扬客户的选择，要么对对方的观点不断加以否定。这两种方法，都很难获得客户的认同，很容易让对方产生心理对抗，和你产生对立情绪。而将这两者结合，找到对方有道理的地方肯定，再慢慢通过潜移默化转变对方观念，这就很容易说服对方。

当然，在使用先顺后逆的方法时，还需要注意以下几个细节：

1. 绝不说"你错了"

在与客户交流中，我们会经常发现：客户的认知是错误的，是道听途说的。但即便你完全了解这一点，也不要开口就说"你错了"。正确的做法应当是：保证自己先按照他们的思维线路走，慢慢转弯，直到回归到你所期望的路线。这样，他们会比较认可你，潜意识里会认为你的否定其实是他们自己想到的。而自己的认知，怎么可能有错呢？

威尔逊是美国历史上一位出名的总统。他有一个习惯，就是很不喜欢听见幕僚拒绝自己，更听不进去他们的建议。然而，豪斯少校却是一个例外。

有一次，豪斯少校来到白宫，和威尔逊会面。威尔逊提出了一些政治改革方案，豪斯少校发现了其中的一些漏洞，但是他没有说任何拒绝的话，而是在顺着威尔逊的意思后，又提出了自己的建议，并在最后说："我想，总统先生也是这么想的吧？"而事实上，这其中的一些细节，其实早已改变了威尔逊总统的初衷。

威尔逊当场并没有回复豪斯少校，而是有些不高兴地离开了。但是几天后，在一个内阁会议上，威尔逊还是把豪斯上校的想法作为自己的意见发表出来。正是通过这种方法，他成为了威尔逊总统的信赖之人，并做出了很多优秀的计划，让总统得到了更多的拥戴。

豪斯少校的这种方法，正是先顺后逆的典型案例。不提出硬碰硬的否定，而是通过潜移默化达到拒绝的目的，这是所有营销人员都应该学会的。

2. 一定要把主动权给对方

没有人喜欢被驾驭，尤其是客户。在他们看来，自己本身就比营销人员要高人一等，所以听到营销人员生硬的拒绝，自然会感到不舒服，感到被伤害。

所以，即便我们采用先顺后逆的方法拒绝客户，也一定要把主动权给对方。想要做到这一点，首先，不要一味地向客户灌输自己的观点，停止喋喋不休的述说；同时，学会倾听客户的观点，并加以点头赞同，让客户感受到尊重。当客户结束自己的看法时，我们再进行引导与沟通。让客户在表面上看起来主导着思想，但其实他最终所有的说法都是你之前的想法，这反而会促进彼此之间的合作。

拒绝客户的资本是你要成为"专家"

在这个世界上，谁最能让我们感到信服？毫无疑问，就是专家。在很多时候，专家就等同于高端、档次、专业、权威。有了专家的意见，我们就有了足够的方向，这就是"权威效应"的功效。一个人的地位高、有威信，受人敬重，那他所说的话及所做的事就容易引起别人重视，并让他们相信其正确性，即"人微言轻，人贵言重"。

现在我们不妨进行一下逆向思维：如果在客户的面前，你是一名专家，那么结果会怎样？客户会对你所说的话深信不疑！那么，如果我们拒绝了客户，又会怎样？那么他一定会意识到自己犯了错误，认同你的拒绝，并等待你的全新见解。

所以，如果想要顺利拒绝客户，那么，你就一定要成为他心中的专家。

关浩然是一家汽车销售公司的运营总监，这天正在上班，突然一个员工找到他，说："关总，大厅里有一位客户，实在不好应付。我想，我能不能请您出马？"

关浩然点了点头，跟随销售员走出办公室。走进大厅，他一眼就看到了员工和他说的那个客户。那个客户40岁出头，个子不高但身材魁梧，胳膊里正夹着一个皮包，一看就是典型的"暴发户"。关浩然知道，这种人既自信却又容易被说服，于是一边走一边想对策。

"这位先生，请问您有什么需要帮助的？"关浩然走了过去，微笑着问道。

"我上周电话和咱们店说，想购买一款路虎汽车，可是来了一看没有，你说你们公司是怎么办事的？"客户不满地说。

关浩然说道："真不好意思先生，路虎昨天我们刚刚售罄。其实，我们刚刚上市了一款新品的汽车，品牌和品质一点都不差于路虎，您为什么不考虑看看呢？我相信，我们的导购一定也为您做了介绍。"

客户不满道："我为什么要看？我就是奔着路虎来的！"

关浩然说道："先生，您请这边坐，让我和您详细说明一下吧。"说完，关浩然将客户引到休息区，开始介绍他们的这款新车。一开始，客户依旧很是不满，总是打断他，问："你就和我说，路虎最近还会有货吗？我不想听你说这些！"

面对如此刁难的客户，关浩然没有着急，而是拿出笔纸，将新款车与路虎的各个方面都做出对比图。这份图非常详细，无论从品牌故事到内部配置再到市场反馈，罗列清晰，一时间客户居然说不出话了。

看了好一会儿图，又打了几个电话，客户找到关浩然说："貌似你说得有点道理……刚才我的态度有些激动，不好意思……"

这时候，导购说："先生，请您尽管放心吧！我们关总已经在这一行做了十年，他是好几家汽车企业的顾问团成员之一，还是汽车网等这些大型网站的专栏作者，如果你说他还不够水平，那么想再找出来更优秀的简直难于登天了！"

关浩然笑了笑，将自己的名片递了上去。名片上的各种简介和头衔，让客户顿时傻了眼："哎呀，原来是专家啊！关总，我听你的！"

就这样，关浩然与这个难缠的客户签订了购买合同。

这就是"权威效应"的作用。为什么导购总是无法顺利反驳客户？关键一点就在于，他仅仅只表现出了销售员的一面，却很难如关浩然一般侃侃而谈、头头是道，所以客户自然不会信任他的话。并不是关浩然因为有那么一大堆的头衔才成功拒绝客户一开始的要求，毕竟他是在最后才表现出专家的身份；而是在与客户的交谈中，他已经尽显专家风采，所以拒绝起来也是掷地有声并言之有物，这才是让客户不再坚持的关键。

想想看，身为销售员的我们，在与客户的交流过程中，在听到客户一些不对的观点时，我们能够如关浩然一般拒绝吗？如果不能，那么就证明你的修炼还不够，气场被对方完全压制，所以自然拒绝起来就毫无底气。

可以说，"权威效应"无论在哪个领域，都是所有人普遍存在的心理现象。这种心理之所以广泛存在，正是因为我们觉得专家的话必然是对的，可以给我们带来安全的保障，所以接受他们的拒绝也就理所当然。这一点，与我们在购物时会注意品牌是一致的：著名品牌的产品，必然会让我们感到放心，购买概率大大提升；专家做出的拒绝，必然是有道理的！

既然我们已经知道，"专家"的风格在销售过程中如此重要，那么接下来，我们就要培养这种特点，并积极应用于沟通中：

1. 别抢话，记录客户的一些要点

通常来说，我们脑海中的专家都有这样一个特点：说话不急不躁，会给对方表达意见的权利。过于急迫地想要表达自己，只能让客户感觉我们只是为了赶紧卖出去东西，而不是与我们分享知识。所以，在和客户的交谈过程中，我们首先要做的是学会聆听，最好还能随手记录下一些核心要点，这样就会给客户留下"你很专业"的印象。

2. 通过客户的表述寻找突破口

不抢话的另一个目的，在于分析客户的阐述，从中找到可以拒绝的突破口。试想，如果你一直在喋喋不休地说，客户很难表述自己的意见，那么你又怎么可能发现他的漏洞，然后以专家的姿态进行反驳呢？弄不好，客户还会发现你的言语之中充满不足，反而会驳斥得你面红耳赤。

3. 适当透露一些自己的经历

为了能够在拒绝的过程中体现出专家的特点，我们不妨偶尔适当透露一下自己曾经的经历。例如，你可以这样说："先生，其实您的这个想法，曾经我在×××工作的时候，也遇到过。"尤其当

你说出曾经的公司是一家明星企业时，对方就会立刻对你刮目相看：原来你是一个经验丰富，同时还在大企业工作过的人！这样的销售，基本上是值得信任的！

需要特别指出的是：我们千万不要为了做出专家的姿态，就虚构经历。否则一旦被客户发觉，那么我们就将毫无信任价值！

4. 多提高自己综合实力才是关键

想要以一种专家的姿态进行拒绝，那么首先我们就要有足够的知识储备。最起码，我们也要高过客户。如果我们还不如客户懂得多，你还有什么资本去拒绝对方？即便执意去做，最终不免也是贻笑大方，更加让自己的尊严扫地。

所以，无论我们是哪一行的销售员，无论我们的产品多么普通常见，充实自我，夯实能力是关键。集团内部的培训课程、网络论坛的相关经验分享与讨论，以及行业内举办的培训班，我们都应该积极参与。如果有机会，一些专业技能的资质考试也应该报名参加。那些资质证书、荣誉证书等，都是体现"我们是专家"的最好证明。

借用别人的意思拒绝对方

身在职场，我们会遇到各种各样奇怪的情形。有时候是客户提出无法企及的要求，有时候是同事提出苛刻要求。面对这些问题，经常我们会无比被动：拒绝虽好，但稍不留意会引起对方的不高兴；违心顺从，结果到头来自己却承担所有后果。

例如，电话那头的客户喊道："我今天下午三点前一定要看到方案！"但事实上，你不过在早上11点钟才接到任务，而这个任务又需要至少五个小时的观察报告。

再如，你的一个同事说："你一定要帮我啊！我明天早上必须交这份报告，可是现在我一个字也没有写！"

面对这样的要求，很多人最终都是无奈地应承下来，然后拼命去完成。但结果呢？因为过于仓促的原因，即便勉强完成却漏洞百出，结果到头来自己受埋怨或是领导指责你工作不认真，或是同事抱怨你做得不行。

这时候，也许我们会这样对自己说："哎，真后悔啊！早知道就拒绝了！不过，我该怎么拒绝呢？哎，头疼，头疼！"

其实，你已经意识到了这件事必须拒绝，但是因为种种原因，你还是无法说出口，这才导致了最后的问题。事实上，其实我们只要换一个思路，借用别人的意思来拒绝，那么反而起到很好的效果。

孙艳超是一名销售经理，这天，他正在和一名客户谈一笔生意。这时，他的电话不合时宜地响了起来。孙艳超一看，是前一段成功签约的另一位大客户。因为当前这位客户只有一间办公室，所以他没办法出去接电话，只好直接接了起来。结果，对方在电话里声称自己要废除已经签订的购买合同，并且信誓旦旦，似乎没有一点会回转的意思。

孙艳超不知道面前的这位客户是否听到了对话，他不免有些紧张。毕竟，此时他受到了双方面的压力，一方面是要解决老客户的问题，一方面还不能让新客户听出来其中的事情。灵机一动，孙艳超说道："您的意思我明白了，不过，我此时正在和一位朋友谈一件非常重要的事情，这会儿他正让我去打印一份东西，并且马上就要提交报告了，让我不能有一会儿耽搁。此时的确没办法和您做太多的细节沟通。这样吧，稍晚两个小时，我给您回过去，可以吗？"

　　听到他这样说，电话那头也不再坚持，态度明显缓和了不少，同意了孙艳超的提议。就这样，孙艳超化解了难题，在此投入与客户的洽谈之中，并顺利签单。而因为经过了两个小时的考虑，之前的老客户情绪也平和了许多，所以不再坚持解除合同，而是将一些细节问题解决后，与孙艳超继续合作。

　　如果换成我们，会怎么做？恐怕一些脾气急的销售员，早已在电话中强调不可能取消合同。是的，我们的目的达到了：拒绝了客户的不当要求，毕竟有合同在先；这样就会进一步惹恼老客户，并且还得罪新客户。毕竟，谁愿意和一个敢与客户争吵的公司签约呢？

　　庆幸的是，孙艳超很聪明，他没有生硬地拒绝，而是借助所谓的"朋友"拒绝对方，明确说明此时朋友有要紧之事需要办，暂时很难做进一步沟通，毕竟取消合同不是小事，不可能靠只言片语就解决的。

　　如果我们也采用这种方式，那么相信绝大多数的客户都会理解，然后在合适的时间继续谈。这样一来，孙艳超就得到了双重机会，既可以让新客户听出来"我很重要"的意思，也巧妙地拒绝了其他事情。如此，新客户就会心生好感，因此签约顺利许多；而老客户也得到了暂时平息情绪的机会，为重新商谈创造了条件。

这就是借用别人进行拒绝的妙处。利用这种方法进行拒绝，看起来似乎有些推卸责任，但其实就是给对方这样一种暗示：不是我拒绝你，而是因为还有人拒绝你！让我解决了他，那么咱们的问题就可以继续！

人是一种社会动物，所以，必然会有各种的制约因素。那么，我们为什么不可以利用这一点，找到一个挡箭牌暂时挡一挡呢？这种方法，其实应用的场合有很多，我们不妨活学活用，用在自己的职场生涯中：

如果你是一名领导，有人拜托你帮忙，这时候，你不妨说："做您这个决定，不是我自己可以拍板的，必须至少三位负责人通过才可以。我当然能够做做工作，但这个事情希望不大，因为我们也有我们的规矩，谁也不敢随便开这个口子，否则未来就会无休无止。"

如果你是一名采购，有人找到你希望你能从他那里采购，这时候，你不妨说："我们已经和另一家公司签订了长期的定点合作合同，我不可能擅做主张更换供应商。"

如果有同事委托你做某一件事，这时候，你不妨说："我真是挺想帮你的，但是老板说了，让我下午必须把这个活做完，否则就别干了！早上老板还给我发了一通脾气，你说我就是想帮你，又怎么过老板这一关？"

拒绝，并不是由我造成的，把责任推给另外一人，这的确是一种推诿之词，但是却能很好地转移矛盾。一般人听到这样的答复，相信都不会再继续纠缠。这样的拒绝，既容易被理解和接受，同时也会让自己表现出"想答应却不得不拒绝"的无奈，从而争取到同情，因此自然不会有人再刁难你，做到全身而退。

谈判桌上要刚柔并济

谈判桌上，我们不可避免地会针对价格或某个议题，进行针锋相对的讨论。有时候，如果对方提出的观点与自己完全相佐，那么我们就应该第一时间拒绝。正如一名谈判专家所说："谈判是满足双方参与彼此需要的合作而已的过程。在这个过程中，由于每个人的需要不同，因而会呈现出不同的行为表现。虽然，我们每个人都希望双方能在谈判桌上默契配合，你一言，我一语，顺利结束谈判，但是谈判中毕竟是双方利益冲突居多，彼此不满意的情况时有发生，因此，对于对方提出的不合理条件，就要拒绝它。"

当然，谈判桌上的拒绝，非常讲究技巧。毕竟，谈判桌不是家庭，双方都带有一定的战斗情绪，倘若拒绝得过于死板或武断，那么就会让对方感到受到伤害，导致谈判出现裂痕，这绝不是我们想看到的。那么，该如何在谈判桌上进行巧妙拒绝呢?

最好的一个方法，是巧妙使用"太极手"。所谓"太极手"，是一种刚柔并济的套路。它的特点在于，对手越是强，使用者就越是采用卸力和四两拨千斤的方式进行反攻。而谈判桌上的"太极手"亦是如此，高明的谈判专家会"以柔克刚"，将对方不合理的观点巧妙拒绝。

2009年，四川一家企业与日本一家企业进行商谈。一开始，日本企业觉得自己是国际公司，因此态度不免有些傲慢。日本企业提出：需要四川企业提供不低于十套的总统套间，他们才会安排专家来厂里进行指导。

四川企业的代表明显听出来对方是在刁难自己，但他没有马上说"不行"，而是回答道："专家住高端的酒店，这当然是应该的。不过，我们那里去年刚刚遭受过地震，这种高端酒店不是没有，不过都还在检查过程中，是不是适合入住，我也不太清楚。当然，如果贵方执意要住，那么我们也会安排的。"

听到这样说，日企急忙表示不必如此，只要酒店安全，标准符合行业要求，即可让专家前来。

这家四川企业代表没有说一个"不"字，却巧妙拒绝了日企的不合理要求，关键在于一开始他就巧妙耍起了"太极拳"，不是直接否定，而是说明客观条件，并表示愿意配合对方的要求。这样一来，他就会让日企的拳头无从着力。客观条件就是这样，同不同意不在于我，而是看你们自己的选择了。

这种让对手"一拳打在棉花上"的拒绝法，正是谈判桌上"太极手"的经典应用。其实如果我们将思维打开一点，会发现还有更多的"棉花"可以找到：技术力量、权限、惯例，等等。这样一来，对方就会意识到再磨下去也是白费劲，只好收回条件。

想要打好谈判桌上的"太极手"，其实方法还有很多，在这里我们总结出几个，供读者灵活借鉴：

1. 让对手自我否定

面对对手的咄咄逼人，我们不着急否定，而是不妨旁敲侧击地提出一些经过构思的问题，诱使对方在回答中不知不觉地否定了自己原来提出的要求或观点。这样一来，我们不用否定，客户已经主动收回了要求。

例如，一位傲慢的谈判者说："我们的价格，就是这样了，是市场上最低的，不可能再便宜了。"这时候，我们不妨如此反问："先生，请问您的公司，在进行商务合作之前，一定会经过一定调查吧？"

此时，相信对方必然做肯定回答。这个时候，我们不妨继续问道："所以，我想比较合理的市场价格到底在多少，您也一定了解。对方做出的承诺，有时候并不一定真的如此。但是如果您此时直接决定买或不买，这笔生意肯定就黄了。相信您也一定会引导对方再沟通一番，然后再做决定，而不是很快地就拍板，您说是吗？您和其他公司进行商务洽谈，目的是为了最终的合作成功，而不是冷战，您说对吧？"

相信听到这样的回复，没有人会依旧坚持之前的态度，从而收回刚才的话，进行进一步的交流。这时候，我们虽然没有直接拒绝，但是最终的目的却达到了。

2. 先承后转拒绝法

任何人都不喜欢被否定，因为听到"不"时，或多或少都会感到自尊心有些受损，谈判桌上更是如此。所以，作为拒绝方的我们，就要努力降低给对方带来的心灵伤害。

那么，该如何做才能做到这一点呢？不妨利用"太极手"的方法，先承后传。例如，当对方的价格过高时，我们不妨这样交流："是啊，一分价钱一分货，你们的产品我们非常承认，这个价格的确也是很超值。我想，咱们的科研人员应该多数都是研究生吧？"这样一来，我们给予了对方很大的肯定与认可，同时还能引出对方团队的话题，让彼此距离拉近一些。

当我们与对方建立了比较平静与客观的交谈氛围后，我们不妨说："不过，我们最近的资金的确有限，但是我们也想保证我们的质量，这不仅是对我们，更是对咱们合作商家的共同宣传。所以，您看价格上面，能否再给我一点优惠？这样，咱们也有长期合作的机会！毕竟，我们的品牌慢慢做大了，未来咱们都受益！"

因为有了之前的尊重和理解，对方的心理得到了极大的满足，所以当我们再拒绝时，对方也会感到我们的通情达理，因此接受我们的拒绝，对关键核心点重新讨论。

3. "移花接木"式拒绝

所谓"移花接木"，就是用一种看似客观的方法，将拒绝的原因转移至他方的方法。这种类似于太极拳的方法，既可以委婉地表示出自己的确无能为力，同样也能让对方了解其中的缘由。例如，当你面对的谈判不断进行压价时，您可以这么说："很抱歉，除非我们采用劣质原料，将生产成本再降低百分之三十，才能满足您的价位需求……"这样一来，我们既暗示了自己产品的过硬，同时还拒绝了对方继续还价的要求，因此，反而会促成这笔谈判的成交。

Part 7
生活中拒绝的艺术

　　相比较职场，生活中的拒绝同样麻烦多多。毕竟，生活中面对的是朋友，是家人，是爱人，是追求者，稍有不慎，都有可能伤害对方的心。此外，还有一些陌生的销售员等。不过我们也大不必为此感到纠结，只要配合之前我们学习的那些理论指导与方法，同样可以轻松拒绝生活里让我们烦心的事儿。

带着笑脸，拒绝生活中的各种事儿

职场上，我们有很多事情需要拒绝；生活中，我们同样离不开拒绝。不过，与职场相比，我们在生活中的拒绝，更应当呈现笑脸相迎这样的特点。毕竟，身在职场，有时候我们的拒绝理由不免很正式、很郑重。但生活却不一样，我们面对的多是朋友、同学、家人，甚至是喜欢自己的人，如果不能做到笑脸相迎，那么必然就会显得过于刻板，过于不近人情了。

对于生活中朋友们的种种要求，倘若拒绝，就尽可能做到带着笑容。用一些风趣而又不失体面的语言，把你的拒绝之意开玩笑似的表达出来，这样不仅不会得罪朋友，还能够缓解尴尬，让彼此的关系更进一步拉近。

大作家雨果成名后，经常收到各种邀请，每天请帖都像雪片一般地飞来，很多朋友都把他列为座上宾。作为一名作家，雨果当然希望自己有时间可以好好创作，而不是每天都疲于应酬之中。不过，他并没有冷淡地拒绝这些要求，于是，他想到了一个好方法。

这天，雨果拿起剪刀，直接把自己的头发和胡子全部剪得乱七八糟。这时候，又有人前来送请帖，他笑嘻嘻地指着头和脸说："哎，我这样的头发实在不雅，我想，这样去肯定不合适吧？真遗憾！"

看到雨果这个样子，邀请人也笑了，觉得雨果说得没错，于是不再勉强他。用这个方法，雨果拒绝了很多朋友的邀请。而当雨果的头发和胡子再一次长好之后，又一部震撼世界的作品也完成了。

雨果没有用一套过于正统的语言，并且带着笑容，就轻松拒绝了邀请，既给自己的创作留了很多时间，又没有让朋友很难堪，这就是生活中拒绝的大智慧。当然，我们不是必须东施效颦，遇到这样的事情就必须如雨果一般，将自己的头发弄得乱七八糟。我们需要学习的，是雨果的这种心态：带着笑容去拒绝。这样，对方的不满情绪就会大大降低。

无独有偶，另一位大人物林肯，同样也是用这种方法，轻松拒绝了朋友的邀请的。

有一年，林肯相熟的一家报纸举办活动，并邀请林肯前来，在编辑大会上发言。不过，林肯并不是编辑，所以他觉得自己出席并不合适。但是，他没有说出冠冕堂皇的话，例如"国会还有事情要忙"之类的，而是给这家报纸的编辑们讲了这样一个故事：

有一次，我在森林里转，突然遇到了一个骑马的妇女，于是停下来让路。结果，她也停下来，并一直盯着我看，看得我都有些不好意思了。我刚想问到底怎么了，这时她说："见到你，我才意识到，我终于遇到了世界上最丑的人。"我也跟着笑了，说："是啊，可是，我有什么办法呢？"她说："先生，我教你一个方法。

你的容貌当然不可能改变，但是，只要待在家里不出来，这样就不会有人天天盯着你了。"

听到这里，编辑们也小声笑了起来。而邀请他的那位朋友，也听懂了他的意思，于是不再勉强他在会议上发言。

林肯虚构了一个故事，并带着笑容对自己进行了一番讽刺，这就会让所有人明白他的拒绝。但因为林肯在拒绝的过程中面带笑容，并且还让大家一起开怀一笑，所以被拒绝所产生的不快，就一瞬间烟消云散了。

所以说，想要拒绝别人，并且希望不会给大家带来尴尬，那么就不妨面带笑容，用一种幽默的语言作为掩饰，让每个人的情绪都得以放松。这样一来，拒绝所产生的遗憾就会渐渐消除，并且，对方还能够完全理解和支持我们的决定。但是，如果我们的态度与之相反，那么效果也会大为不同。

2013年，北京市准备举办一场选秀比赛，一位企业家得知自己的艺术界朋友正是发起人后，于是急忙找到他说："我赞助十万元，让我做个评委怎么样？"

结果，这位朋友面带严肃，说："对不起，这个我不能答应你！我们的评委，必须是我们演艺界人士，你肯定当不了评委，这不是钱的事儿！"

听到朋友这么说，企业家有些不高兴："有什么了不起的！不就是一个破比赛吗？不要拿着鸡毛当令箭！"

说罢，企业家拂袖而去，找到了同为发起人的另一位艺术界朋友。听完企业家的要求和条件，这个朋友哈哈笑了起来，拍着他的肩膀说："老哥，您这是钱太多了啊！把十万元扔在这个会上，不如扔到河里，还能看到个水漂儿，都比这有意思！"

"你的意思是说，不合适，不值当？"企业家问道。

"是啊，老哥，完全没有意义！"

企业家也笑了，说："哈哈，是啊，那我听你的！"

两种不一样的拒绝方式，造成了两种不一样的结果。试想，如果第一个朋友也能带着笑脸，用巧妙的语言去拒绝，又怎会让企业家感到一丝不快？恐怕此后，他与企业家的关系，不免也会产生一定疏远。

当然，从这几个案例中可以看出，面带笑容拒绝的核心在于：语言同样带笑。也就是说，我们的语言应当充满诙谐与幽默。这种拒绝的语言，在于它不会以直接的方式对人进行拒绝，而是设置了一个圈套让求助的人自己钻进圈套中，然后发现自己的请求可能真的是对方不能完成的，因而最终放弃自己的要求。这样的拒绝，不会给任何人带来尴尬。

更重要的是，当对方听到这样的拒绝时，同样也会咧开嘴角，面带笑容地接受你的拒绝。所以，当我们无法完成朋友的要求时，不必过于刻板地拒绝，而是不妨带着笑容，幽默地说明原因。也许，朋友听到后反而会觉得你是一个很会说话的人，不仅欣然接受你的拒绝，更和你的人情关系拉进一步！

拒绝永无休止的聚会

与朋友聚会，这是我们工作之余放松自我的最佳途径。尤其对于是身在异地漂泊的人来说，"每逢佳节倍思亲"，当在过节的时候，和朋友们聚在一起，更是我们诉说衷肠的好办法。不过，聚会是好，但频次太多的话，不仅让自己的花费增加不少，身体同样也吃不消。所以，面对朋友频繁的聚会邀请，我们也要学会适当地拒绝。

已经午夜12点了，陈超却刚刚回到家。刚刚喝了两口水，还没来得及去洗澡，他已经醉意袭来，不得不趴在床上沉沉睡了过去。这已经是这个星期的第三次酒醉，陈超已经感到了身体有些承受不住了。

这一周，恰巧是国庆和中秋节放假，因为一个人身在异地的缘故，这几天陈超和几个同学、同事每天都是在聚会中度过。因为大家都是漂泊异乡，平常工作也很忙，所以难得遇到放假，大家自然聚在一起胡吃海塞。而陈超的人缘一直都很好，所以朋友们怎会忘了他？甚至，有时候朋友的其他聚会，也不忘记给陈超打个电话，而陈超自然也乐此不疲。

假期里每一天早上醒来，陈超都是带着一身酒气，有时候还因为喝得太多头疼欲裂。原本陈超在节假日还有一些计划，不过因为每天的聚会，他根本没法也没时间开始去做，有时候太难受甚至需要休息到第二天傍晚才能缓过劲来。再喜欢聚会，每天都是如此，陈超也有些吃不消了。尤其是看到几天就花了几千块钱时，他心里的后悔更别提了。

不过，陈超根本没法拒绝朋友们的邀请。毕竟，朋友们非常热情，而身在异地，他也必须和这些朋友们搞好关系，所以尽管有些不太想去了，但架不住对方的软磨硬泡，他最终还是不得不拖着疲惫的身体走出家门。

这天喝完酒，陈超难受地打了一辆车。一上车，司机就和他说："年轻人，又喝多了吧？哎，别总是把时间花在聚会上，毕竟身体才是革命的本钱！"

听着司机的话，陈超笑了笑，无奈地看着车外。还没到家，他的手机又响了，原来是另一个朋友通知自己，明天孩子满月请他参加酒席。最后，他还一再嘱咐："一定要来啊，要不然太不给哥们儿面子了！"

不得已，陈超只好答应了下来。看着车窗外的灯红酒绿，他不知道这样的生活何时才是个头。

陈超的经历，相信很多人，尤其是喜欢聚会的男性并不陌生。在疲于应付各种聚会的同时，我们却没有意识到：自己的身体是否还能承受？我们都知道，大鱼大肉、胡吃海塞，迟早会给身体带来很多麻烦，难道真的要等到不得不住院治疗，我们才能学会拒绝吗？每一个人的身体，都是一部汽车，只有驾驶它的人，才知道它是否到了极限，是否出现了严重的磨损。所以，不懂得拒绝，终日陷入无休止的聚会之中，到头来后悔的只有自己。

当然，也许我们会这样说："毕竟是朋友的邀约，平常我们也难得一见，节假日时候人家给我打电话，我怎么好意思就拒绝朋友呢？"话说得不错，可是我们不能因为友情，就置自己的身体于不顾，甚至还耽误到正常的工作和生活。面对朋友们的邀约，我们一方面要学会适当地拒绝，另一方面则要学会在聚会时理性饮食、饮酒。

1. 和朋友说明现状

如果因为频繁聚会，我们的身体已经出现了明显的不适，这时候我们不妨和朋友说明现状，将实情相告："真是对不住，这两天我的身体出了点小毛病，所以晚上的聚会我就去不成了。你也不愿意看到，明早我就在医院里躺着吧？所以，让我休息两天吧，我真的有些吃不消了……"

不会有人勉强你，带着病恹恹的身体依旧参加聚会的。所以，与其硬着头皮去聚会，倒不如和朋友说明现状。甚至，还会有朋友专门来看望你，并理解你的拒绝。

2. 理性饮酒

有的聚会，是我们无法推脱的，例如朋友的婚礼、公司项目完成后的聚会，等等。面对这种聚会，我们要学会另外一个拒绝：拒绝大量饮酒。在聚会上，我们要时刻以自己的身体承受能力为极限，超过这条警戒线，就要自己给自己亮红灯了。此时，如果依旧有朋友向自己灌酒，你不妨说："我今天实在没法再喝了，身体感觉到很不舒服。改天等我状态好一点，专门请你喝酒表示敬意，好吗？"这样一来，对方也就会理解你的难处，不再对你总是强行灌酒。

3. 参加聚会，以自己的承受能力为准

醉酒伤身体，增加过多的花销，这些同样是频繁聚会带来的弊端。尤其是对于在外打工的人而言，赚钱不容易，就更不要轻易将钱花在聚餐、聚会之上。所以，我们不妨这样对朋友说："我这个月工资不多了，还要给家里寄回去一部分，所以真的没法再出去玩了。你们好好玩，等下次有机会了再去！"即便真的盛情难却，我们也要和朋友协定好聚会人数和每人的花销数量，这样才不会被聚会弄得焦头烂额。

4. 告诉自己：不要将时间总花费在聚会上

很多时候，对于聚会的邀约，不是我们不会拒绝，而是根本不愿意拒绝。但是在第二天，我们又会后悔头一天晚上的选择。所以，要想真的学会拒绝这种聚会，那么我们就必须时刻提醒自己：不要将时间花费在聚会之上，养成良好的生活习惯。适当的时候可以采取关闭手机的硬策略来拒绝邀请，或是去健身房锻炼，或是去图书馆阅读等等，让自己养成良好的生活习惯。这样一来，我们就会逐渐摆脱诱惑，从而不再是酒桌上的常客。

与朋友说不，我们不是情绪垃圾桶

友谊，这是世界上最宝贵的情感之一。所以，当听说朋友遭遇不幸之时，我们总是会第一时间赶到他的身边，即便无法帮助他直接解决问题，至少也能够做一个好的聆听者，让朋友讲出内心的苦楚，给他一个情感的发泄口。甚至，我们还会在聆听的过程中，帮助朋友找到解决问题的答案，从而帮助他走出困境。

不过，我们也有自己的生活，如果朋友不分场合与时间，不断地像倒垃圾一样把自己的苦恼统统都丢给你，那么，我们自己岂不是陷入了另一种痛苦？所以，安慰朋友可以，聆听朋友的痛苦也可以，但是，如果我们成了朋友的"情绪垃圾桶"，那么就一定要选择合适的方式与朋友说不。

尹瑞娜今年32岁，是姐妹团里的大姐大。她性格温和，同时又很有主见，所以很多姐妹如果有心事，就会找到她来排解。尹瑞娜有一个很好的优点，就是很少批评姐妹，她总是很有耐心地听对方诉说，只有在最后才会给姐妹提出一些解决的办法。

一开始，尹瑞娜还蛮喜欢这种生活状态，毕竟能被当作知心姐姐一样看待，这不是每个人都能做到的。不过时间长了，她觉得也有些困扰：小姐妹们的哭泣太多了，这让她经常包围在一种负面情绪之中，不仅自己的事情被耽搁了，有时候自己不免也流露出一种自怨自艾的心态。就像有一次，一个名叫唐娜的小姑娘，连着找了她一个星期，哭哭啼啼地和她诉说男朋友出轨，并且还讲述男朋友出轨的点点滴滴。一个星期过去后，尹瑞娜感觉自己看老公的眼神也异样了，她总是不由自主想起唐娜的话，然后开始怀疑老公是不是也是那样……

还好，尹瑞娜最后调整过来了自己的情绪，没有被其他姐妹影响得越来越深。不过，尹瑞娜不禁也产生了一丝忧虑：如果再这样下去，自己迟早会被小姐妹们所影响，那个时候，自己又该怎么办呢？她们可以找我来倾诉，可是我能找谁？

我们都知道，情绪是可以传染的。经常与乐观的人在一起，自然就会笑口常开；经常与悲观的人在一起，自己也会变得悲天悯人。很显然，尹瑞娜已经受到了一些负面的、消极的情绪影响，倘若还不做出行动，那么必然会陷入朋友们的悲观之中不可自拔。

由此可见，为朋友排忧解难是好，但是我们也要有一个度，否则反而会给自己带来心灵上的困惑。事实上，如尹瑞娜这样的行为，我们都做过。谁没有安慰过几个好朋友呢？但也正是在这个过程中，一些消极的、负面的话语无形之中就会被吸收，原本的乐观心情也会因此受影响。所以，如果没有能力为对方排忧解难，不妨让自己抽身而出。这样既不会伤害到彼此之间的友谊，也会让自己不再成为朋友倾倒苦水的"垃圾桶"。

不过，毕竟身为朋友，如果生硬地拒绝，说一句"我不想听"，那么这就有些太过伤害朋友之间的感情了。这个时候，我们不妨用以下几种方法，巧妙拒绝：

1. 找一个躲出去的借口

有时候，心情沮丧的朋友会和你在电话里沟通几句后，就决定亲自上门来找你。此时，你不必在电话里直接拒绝，以免让朋友更加失落。你可以就守在楼下，当朋友出现时，急忙和他说："真是太不凑巧，我刚刚接到电话，马上要去外面办事，估计很晚才能回来，今天实在陪不了你了！"因为朋友已经经过了一路的平静，所以当听到你有事要忙时，也就不会再央求着你陪他了。

2. 当作任务来完成

如果朋友的央求实在无法躲避，或者我们已经通过其他手段拒绝很多次了，这个时候，我们就尽量不要再退缩了。这时候，我们不妨坐下来听听朋友到底会说些什么，但是尽可能转移注意力，把这次谈话想象成是一次看电影，所有的事情都和自己无关。安慰完朋友之后，我们也要尽可能去忙其他工作，尽可能快速地冲淡这件事，而不是琢磨细节。只有这样，我们才能不被负面的情绪所影响。

3. 做出一副忙碌的样子

在朋友的面前，做出一副很忙碌的样子，同样可以以一种缓和的态度拒绝朋友的倾诉。所以，当你看到经常向你散发负能量的朋友出现时，不妨低下头装作正忙于工作的样子。如果他想要和你说话，你只需要随口应答一声，不要抬起头来聚精会神地去听。这样做会让对方觉得你真的是没有时间，他就会知趣地走开了。

4. 明确告诉朋友：与其倾诉，不如解决问题

如果一个朋友因为某一件问题，已经多次找到我们倾诉，并且我们也的确无法回避之时，这时候，我们不妨和他说："亲爱的，你的这个事情，我听了已经不下五遍了。我能感觉到，你的确很难过很伤心，可是总是一遍遍地重复，又有什么用呢？与其总是和我抱怨，倒不如想想办法，把问题解决！"

这样的语言，同样可以拒绝他的无休止倾诉。不过别忘了，我们的工作还没有完成：帮助他一起找到解决问题的方法，让他从困境中走出，这才是一个好朋友应有的行为。

5. 用暗示的方法提醒朋友

有时候，直接的语言拒绝容易伤害到朋友，因为他本身正处于沮丧之中，对一切都很敏感；同时，我们又着实找不到好的借口来逃避，这个时候，我们不妨利用暗示的方法，让朋友理解自己。可以写下这样一段文字："亲爱的，看到你难过，我也不好受。可是，人总是要往前看的，我也不是圣人，你的很多疑惑，抱歉我也不知道该怎么办。有的时候，我甚至也产生了一种幻觉，以为自己也掉入了那种情绪。这个感觉，真的好难受。"

相信朋友看到你的这种表述，会立刻意识到自己的情绪已经给你带来了不好的影响，这时候他就会选择不再过分地倾诉负面情绪，并感激你对他的理解和关怀。

拒绝来访：逐客令也可以很舒服

"有朋自远方来，不亦乐乎？"中国这句古话，生动地说明了当有朋友来访时，是我们快乐的时光。的确，对于注重礼节的中国人而言，倘若家中突然有朋友造访，那么绝大多数都会以一种热情的姿态欢迎，即便手头有一些要紧事，也会尽可能放下。

不过，对于现代社会而言，工作、生活的压力都非常大，各种纷扰之事层出不穷，有的时候，也许我们真的没有太多的时间和朋友欢度时光。这个时候，我们该怎么办？如果拒绝朋友，很可能会伤害朋友之间的感情；如果迎接朋友的到来，那么这会让自己的事情不能按时进行，耽误自己的工作或生活。

是啊，面对朋友的突然造访，我们究竟该怎么办？这是困扰我们的难题。

因为失恋，心情很不好的王亮郁闷地想去喝酒，于是想到了自己的发小常海。他一个人来到常海家，敲了敲门。常海打开门看到王亮，有些惊讶地说："你怎么来了？"

王亮说："哥们儿我失恋了，来找你喝酒。"

王亮犹豫了一下，没有接话。因为就在今晚，他有一个重要的方案要做，明天早上就要交，所以根本没法喝酒。不过，他又不想看到自己的好朋友失望而走，所以一时间没了办法，只是站在原地。

看到常海这样，王亮说："怎么，还不准我进门吗？"

常海想了想，硬着头皮说："王亮，我今天不方便，改天喝酒吧。"

原本就很失落的王亮，此时非常敏感，听到常海如此说不免有些生气："哼，我还想你是我朋友，能安慰下我呢！你忙你的吧，我走了！"说完，气呼呼地转身离去。

"王亮，你听我解释……"有些着急的常海急忙喊道，但是王亮却早已快速离开。这个晚上，常海过得很郁闷，心里一直想着刚才的话是不是太伤害王亮了。结果，朋友得罪了，自己的工作也没有投入进去。

相信常海的经历我们都遇到过。面对好朋友的突然造访，我们经常会手足无措，迎接不是拒绝也不是，结果在手忙脚乱之中因为自己的言语不当，生硬地给朋友下了驱逐令，导致朋友有了误会，让原本稳固的友谊出现了裂缝。

那么，怎么拒绝朋友的造访，才能让对方既不会感到丢了面子，也不会让自己产生尴尬呢？最好的应对方法，必然是运用高超的语言技巧，将"逐客令"说得美妙动听，做到两全其美。也就是说，我们当然可以拒绝朋友的造访，但需要讲究方式与方法。

1. 主动出击，拒之门外

通常有人突然造访时，我们会通过门镜或电子屏看来访者是谁。如果当你发现，突然造访的人是一个很喜欢侃大山的朋友，并且也知道他没有什么要紧事，这时候不妨这样说："今天不太方便，家人要在家里办聚会，要不你看，咱们到你家聊怎么样？"通常来说，对方会从你的回复中了解到今天你不是很方便，所以自然不会再邀请你去家里走一趟，而且会在表示理解后选择离开。

当然，这种方法不可常用，因为你是隔着门与对方交谈，这在一定程度上有些不礼貌。并且这种方法也多适用于还不是非常亲近的朋友，如果对于很好的朋友经常使用这种方法，那么就会让对方感到被轻视，产生不舒服的心态。

2. 用合理的理由拒绝

如果朋友已经在家中，这时候你又有事情要忙，此时不妨用真诚的态度和合理的理由，对朋友下"逐客令"。你不妨如此说："马上我还有一个工作计划表要做，要不今天咱们就先到这儿？毕竟时间也不早了。这个工作计划挺重要的，我是真希望一次性能从我们那个残忍的老板那里通过，免得以后再有什么麻烦事。哎，估计今晚我是要熬通宵了。等通过了，咱们再好好聚聚！"

你的这种话，表面上看起来是在抱怨工作，但实际上给对方传达了这样一个信息：今晚我需要加班，实在不能再继续了。相信绝大多数人听到这样的话，必然会知趣地选择离开。

3. 巧用热情让对方知趣而退

倘若家中的造访者是一位识大体的朋友，那么不妨巧妙利用热情下逐客令。例如，你可以把对方当作贵宾一般，热情洋溢地挽留多坐一会儿，甚至招呼在家中吃饭。识大体的人，一般都会觉得这样做太过热情，反而会产生不好意思的心态，所以就会极力拒绝这种邀请，并主动选择离开。这种"以热带冷"的拒绝法效果之好，不言自明。

当然，一定要注意，这种方法的针对人是有品位、识大体的朋友，对于一些生活习惯较为随意、喜欢热闹的朋友而言，这种方法不仅没有效果，反而还会让他们"顺坡下驴"，赖在了自己的家里。

乾坤大挪移：转移销售员注意力

相信每一位读者，都会遇到这样的情形：在某个场合，遇到某位品牌的销售员。也许，这个场合是一场酒会，是你的办公室，或就是你的家中；而这位销售员，恰恰是你邀请的客人之一。但是，他的产品你却毫无兴趣。只是碍于场合，如果直接拒绝，难免会给对方带来尴尬，甚至没有台阶可下。

这个时候，也许有的人，不得不硬着头皮答应了下来，掏腰包购买。甚至，有一些"有心计"的销售员，专门找这样的机会进行销售，并最终将产品顺利售出。

也许你会说："毕竟这样的场合，如果生硬地拒绝实在不合时宜。哎，我也是没办法，就当吃了一次亏！"

是的，一次，两次，你可以接受，但是如果总是遇到这样的销售员，我们还是只能打碎牙往自己肚子里咽吗？难道，你的钱就可以这么轻松地拿出去，自己一点都不心痛吗？

当然不！我们必须用一种合理的方式，将这种销售员"拒之门外"。

接下来，让我们来看这样一则案例。这是日本著名企业家本田宗一郎的经历，可以给我们带来很好的启迪：

有一名青年名叫井上，是一家地产公司的销售员。井上朝气蓬勃，喜欢挑战高难度，所以这天他通过关系，来到本田宗一郎的办公室，决心将一片土地卖给他。

听完井上的介绍，见识颇广的本田宗一郎笑了笑，没有做出任何答复，而是从桌子上拿出一些类似纤维的东西给井上看，然后问道："年轻人，你喜欢汽车吗？"

井上一愣，说："当然。我希望将来能够买到本田的汽车。"

本田宗一郎说："那你知道这是什么吗？"

井上看了看，说："先生，我真的不认识。"

"这是我们本田的一种新材料，刚刚发明出来。接下来，它会被用到汽车上做外壳。"说完，本田宗一郎开始讲解新款汽车的种种特点，以及明年本田汽车新的发展计划，等等。这一讲，就是半个小时过去了。井上听得津津有味，却又摸不到头脑，根本不理解本田先生为何和自己讲这些内容。

最后，本田宗一郎将井上送走了，这才告诉他自己其实不愿意买这块地。不过，井上并没有生气，反而多次致谢本田先生，并表示在合适的机会，一定会去专卖店感受一下新款本田的魅力。

也许此时你并不明白，为何本田宗一郎要对着一个销售员讲一番完全不搭界的事情。其实，这正是本田宗一郎的过人之处。试想，如果本田宗一郎直接拒绝，那么会怎样？势必会引起一场说服与反说服的争论！而对于本田宗一郎来说，这绝对是一件浪费时间的事情！

所以，聪慧过人的本田宗一郎没有选择直接拒绝，而是巧妙地转移了话题，从而成功地拒绝了对方的销售要求。表面上看，这半个小时他浪费了一定时间，但事实上他却将自己的品牌重新梳理了一遍，并为自己做了广告，正可谓一箭双雕。

转换话题，是一种非常有效的拒绝方法，尤其在如本田宗一郎这种成功企业家身上常见。这种方法，能够转移别人的注意力，避免引起正面冲突，很好地维护双方的形象。所以，当你在某种场合不适合直接拒绝对方时，不妨巧妙地转移话题，将主动权攥在自己的手里，从而起到拒绝的目的。

当然，这种拒绝法难度较大，所以在使用时，我们必须注意好以下几点：

1. 根据不同的人，确定不同的"乾坤大挪移"

在使用转移话题的方法时，我们需要对对方有一个初步的判断，以及确定自己的目的，从而选择是将话题转移到对方身上，还是漫无边际的话题。如果你是想拖延时间，那么不妨找一些毫不相干的话题侃侃而谈；如果你是想让对方知难而退，那就需要将话题巧妙地转移给对方。

例如，你身在一个大型酒会，此时面对着一名推销汽车保险的销售员，这时候不妨和他聊聊旅游，讲述一些旅途上的小故事，最后旁敲侧击地告诉他："其实×××街的车友俱乐部，才是你最应该去的地方。"这样一来，对方就了解到你不愿意购买，但同时又获得了对自己有用的资讯，因此不仅不会纠缠着你，反而还会感激你的信息。

2. 注意话题的时间

我们的目的，是为了拒绝对方的推销，所以我们不必花过多的时间在其他话题上。通常来说，将话题控制在五分钟左右较为合适，这样既可以尊重场合，又可以实现自己的目标。当然，如果是在自己的办公室，同时如本田宗一郎一般能够尽情地侃侃而谈，那么时间可以适当延长。但有一个原则就是：不影响所在场合的氛围，如果是一场颁奖礼，舞台上即将开始颁奖，你却与对方喋喋不休了40分钟，这显然是不合时宜的。

3. 注意话题的趣味性

转移销售员的注意力，目的是为了让他暂时忘记推销的目的，从主动变被动，跟着你的节奏走。所以，我们的话题就必须有意思，这样才能吸引对方被你的话题所引导。

案例中本田宗一郎的方法，就很值得我们学习：先是问问他是否喜欢汽车，在得到肯定的答复后，再正式进入话题。倘若没有前期的铺垫，对方对你的话题毫无兴趣，那么就会让他依旧紧抓着自己的推销不放。所以，在话题引导之前，不妨先说一句："你对×××有兴趣吗？"给推销员一个调整思维和进入状态的时间，这样才能起到更好的效果。

巧妙拒绝上门推销者

有一种人，最让我们反感，那就是不请自来的上门推销者。的确，当我们在享受家庭之欢时，上门推销者却一遍遍地敲门，然后喋喋不休上几分钟，之前的好心情完全被破坏。更严重的，则是一些不法分子借口上门推销，在敲开门后做出恶劣的犯罪行为，这更让我们感到难以忍受。

可是，我们该如何拒绝这些上门推销者呢？执意不开门？那么推销员会不停地敲下去；打开门如果态度不好地拒绝，却又担心会不会未来惹来麻烦；或是被更多的推销员上门骚扰，因为他们已经知道你会开门；或是被一些心胸狭窄的推销员恶意报复，因为他们觉得在你这里被羞辱。所以，很多人对于此都感到无奈，因此不得不抱怨道："哎，买个好房子，却被这群推销员搅得心乱如麻！"

的确，对于普通人而言，想要拒绝难缠的上门推销者，他们并没有特别好的方法。但是，请看下面这个案例：

李国栋的家，在一栋商住两用的公寓之中。这栋楼平常有很多推销员前来，一直让李国栋很心烦。这个周末，李国栋好不容易睡个懒觉，结果没有两个小时，就有五位推销保险、信用卡、电话卡之类的推销员敲门，让他睡个好觉的梦想成了奢望。他很生气，几乎要和这些推销员发火，但是想到这些年轻人也是为了谋生才如此，所以话到了嘴边，就又忍了下来。

无奈之下，李国栋在门上贴出了告示：拒绝推销。可是，这些推销员并没有因此而不敲门。一次饭桌上，他和朋友说起了这件事，朋友给他出了一个主意："既然主要都是针对白领的销售，那么你就在门口贴一个纸条，上面写着：'本工作室代办各类信用卡及电话卡，同行莫入！'"

李国栋一听有道理，就这样做了。结果，正如朋友预料的那般，上门推销的人顿时没有了。

从李国栋的案例可以看到，其实，拒绝上门推销者可以很轻松。毕竟，这些推销员最不愿意与同行交流，所以当看到这样的字条时，必然会选择敬而远之。所以说，只要抓住推销员的心理，那么就可以轻松解决这样的棘手问题。

以下这些方法，都是经过实践演练的方法，我们不妨灵活使用，巧妙拒绝上门推销者：

1. 巧妙借用孩子去拒绝

如果家里有小孩在，那么有推销员敲门，大人不妨放低声音，让孩子说："对不起，我爸爸妈妈不在家，请你走吧！"一般来说，推销员绝对不会和孩子进行纠缠，所以只好灰溜溜地离开。当然，必须教会孩子：只要是陌生人，就绝对不要开门。倘若对方以各种借口哄骗孩子开门，那么不要犹豫，请直接报警。

2. "反销售"拒绝法

如果你是一名口才较好的人，那么用"反销售"的方法，同样可以起到很好的效果。你可以说："哎呀，咱们俩是同行。你先别介绍了，先听听我的产品，如果你要是买了，我再听你的介绍。你也帮帮忙，让我赚点钱，这样我就和你聊……"一般来说，推销员听到这里就会明白你是在拒绝，所以就会客气地选择离开。当然，在这样拒绝的时候，我们的神态不要表现出嘲讽，否则就会让推销员感到受伤害。

3. 联合业主寻求物业支持

其实，想要杜绝上门推销者的频繁光顾，最重要的是制度的制约。所以，我们不妨联合其他业主，向物业进行情况说明，并要求物业制定相应进出制度，对于陌生人不能轻易放进。例如，由物业在小区门前张贴特别说明："本小区禁止上门推销，违者将请出本小区。"这样，绝大多数的上门推销者都不会选择再进入。

如果有业主投诉，依旧有推销员敲门，那么要第一时间派遣人员将上门推销者请出。如果上门推销者连小区都不允许进入，那么又怎能骚扰我们?

4. 明确地表示"的确不需要"

最简单、最有效拒绝上门推销的方法，就是明确告知对方不需要。在推销员做完简要介绍后，我们就应当第一时间表示："对不起，这个我不需要，请你再问问别人吧。"当然，此时推销员都习惯再说几句，例如"先生，您怎么能说不需要呢?"这样的话，此时我们应当继续明确地说："真的不好意思，我的确不需要，您已经是这个星期第三个来推销的人了。我还要忙，不和您再聊了。再见。"这个时候，推销员只好客气地道别。

5. 不要和推销员陷入闲聊

有一种人，觉得拒绝推销员太过于冷漠，所以即便表示了不需要，却依旧和推销员进入闲聊阶段。例如继续倾听推销员的介绍，不时发问两句。其实，这是最忌讳的行为。尽管你已经表示不需要，但你的行为却给推销员带来了这样一种暗示：他其实还是有了心动！这样一来，对方自然会更加不愿意走。

所以，当我们表示出不需要后，就应该速战速决。不要觉得这样是伤害别人，其实，明确表明自己的态度，并且果断做出选择，这反而是一种尊重。大家的时间都很宝贵，何苦在这里浪费呢？

当然需要注意的是，尽管我们是在拒绝推销员，但还是要保持风度，以一种平静而庄重的神情讲话。毕竟，上门推销者只是在做自己的工作，从本质上说和我们是平等的，所以不要流露出歧视的情绪，觉得对方是求自己买东西，就有些趾高气扬。只有让对方感受到你的确不需要，这才能够达到拒绝的效果。

顾左右而言他的拒绝法

生活中，我们会在某些场合遇到这样一类人：他们会针对某个问题，对我们死缠烂打，即便我们根本不愿意回答。有的人经不住如此，最后不得不做出答复；但有的人却很聪明，他顾左右而言他，就是不正面回答问题，从而巧妙地拒绝了对方。

这种情形，是不是很熟悉？对，这正是一些社会公众人物对待记者的方法。为什么这些社会公众人物可以使用，而我们不能用呢？

1799年，年轻的拿破仑在意大利战场取得全胜凯旋。从此，他在巴黎社交界身价倍增，也成为众多贵妇追逐青睐的对象。然而，拿破仑对此却并不热衷。可是，总有一些人紧追不放，纠缠不休。当时的才女、文学家斯达尔夫人，几个月来一直在给拿破仑写信，想结识这位风云人物。

在一次舞会上，斯达尔夫人头上缠着宽大的包头布，手上拿着桂枝，穿过人群，迎着拿破仑走来。斯达尔夫人把一束桂枝送给拿破仑，拿破仑说道："应该把桂枝留给缪斯（希腊神话中的文艺女神）。"

然而，斯达尔夫人认为这只是一句俏皮话，并不感到尴尬。她继续有话没话地与拿破仑纠缠，拿破仑出于礼貌也不好生硬地中断谈话。

"将军，您最喜欢的女人是谁呢？"

"今天的葡萄酒真不错。"

"你很喜欢吗，那我们来喝两杯。"

"外面好像下雨了。"

"哦？你喜欢下雨吗，我很喜欢这样的天气。"

"我想我的妻子应该在给孩子们做饭了吧。"

他们这样一问一答，拿破仑不仅达到了拒绝的目的，而且斯达尔夫人也知道了拿破仑并不喜欢自己，于是只好作罢。

拿破仑很聪明，没有直接拒绝，毕竟在这样的场合下拒绝一名女士，显然是很不礼貌的行为。所以，他采用了答非所问、顾左右而言他的拒绝方式来答复对方，让对方好自为之。这既没有让对方出丑，同时也表达出了自己的选择。

顾左右而言他的拒绝法，尤其适合在公共场合与陌生人交流之时使用。因为陌生人不像朋友，通常不会犀利地戳破我们的计谋，所以更能取得绝佳的效果。当然，除了顾左右而言他，例如表示听不清、听不见等，也都可以很好地让对方放弃请求。

此外，顾左右而言他也是一种巧妙的拒绝方法。这种方法的使用诀窍在于：用含糊的语言或者假装糊涂的方式回避请托人，这种方法不仅可以化解求助双方之间的尴尬，还能收到最好的拒绝效果。

有一次，身为企业家的刘春辉低调地参加了一个朋友的酒会，结果宴会上却碰到了一名记者。这名记者一直缠着他，想要对他进行采访。刘春辉不喜欢高调，很排斥记者的采访，于是灵机一动，说："你说我是企业家？啊，你认错人了。你说的那些我都不懂，可能我只是长得和你说的那个人比较像罢了。"见他如此回答，记者尽管有很多猜疑，但也不好说什么，只好离开了。

生活中，还有很多类似的方法，我们在学习的同时，也别忘了自己去尝试着开发。这种拒绝法，不仅可以达到拒绝本身的目的，同时也会给别人留下颜面，对我们处理好与各种不同人之间的关系等都有着十分积极的意义。当然，这种方法并不适用于所有场合，它更多地适用于陌生人，轻易不要对家人、朋友使用。否则，他们会误以为我们这是在戏弄人，反而会因此和我们置气。

让恋人愉快地接受你的拒绝

爱情像一杯酒，总让人陶醉其中。

的确，爱情很美妙，尤其是陷于爱河中的男女，更是迷恋在花前月下、卿卿我我的状态中。正因为如此，恋爱中的人很容易变得过分"好说话"，总是一副菩萨心肠，对对方的各种要求全盘接受。因为，他们害怕一旦说出"不"字，就会伤害彼此的感情，所以总是一忍再忍。

可是，这么做真的好吗？难道就因为彼此是恋人，就应该无条件地服从吗？

经过一番追求，郑友霞终于将心中的白马王子孙毅追到了手。因为孙毅身高1米83，又是一家上市公司的中层领导，所以郑友霞非常在意这段恋爱，生怕孙毅有一天会离开自己。

有一次，孙毅因为加班需要很晚才能离开单位，于是和郑友霞说能不能在咖啡厅等一段时间，郑友霞说："我才不要！我去你们单位等你，就坐在你旁边！反正我不管！"孙毅不高兴地说："这怎么可以，公司又不是我开的，制度不允许！你要是不愿意，那就自己回家吧，别等我了！"说完，挂断了电话。

听到孙毅这样说，郑友霞吓坏了，在心里对自己说："我怎么这么笨啊！以后我可不能这样了，否则孙毅肯定会慢慢离开我！"

两个人谈恋爱，原本是应当彼此沟通、彼此交流的，可是因为男友较为优秀，加上上次不愉快的通话缘故，郑友霞不由自主地有些卑微，无论孙毅提出何种要求，她总是答应下来，结果没曾想，这样反而让孙毅的脾气越来越大。

这天，郑友霞和孙毅一起看完电影，孙毅开玩笑地说："友霞，我想吃煎饼了，你能去帮我买一个吗？"

"啊？"郑友霞有些意外，但还是答应了下来，"好吧，那你在这里等着……我这就去……"说完就要走。

"站住！"孙毅有些生气了，"你难道没有看出来，这只是我的一个玩笑吗？郑友霞，咱俩没恋爱之前，我其实蛮欣赏你，有主见够独立，可是为什么现在你却变成这样？我需要的，不是一个奴隶，而是一个可以感受甜蜜的女朋友！像买煎饼的事情，一定是男孩帮女孩去买的，难道你连这一点都想不明白吗？我不需要，一个什么都说'好好好'的女朋友。我觉得，咱俩人有些不太合适，我看咱们还是算了吧……"

看着面容冷峻的孙毅，郑友霞有些不知所措，眼泪哗哗向下流。她不知道，自己做错了什么。

拒绝也不是，统统说好也不是，如郑友霞这般的困扰，的确存在不少情侣之中，尤其是彼此差距过大的时候，这种情形就更加明显。身处低位的一方，总是会想到自己不够优秀，所以在交往的过程中自然而然地就流露出自卑感，即便心中有不愿意，也不得不选择接受。尤其是当有过因为拒绝而让对方不满的经历后，这种情绪就会表现得更加明显，正如案例中的郑友霞。

可事实上，这样做好吗？正如所说，爱情是两个人的事情，不是一个高高在上、另一个完全听话的关系。爱情给人带来的，应当是甜蜜，是温馨。如果意识不到这一点，总是唯唯诺诺，那么久而久之，另一半会感到爱情无比乏味，不免产生"就此分手"的想法。

诚然，对于彼此身份有一定差距的情侣来说，身在高位的另一半的确会有一些骄傲，有时候要求不免多一些，但是只要方法运用得当，那么我们同样可以让另一半愉快地接受你的拒绝。

1. 巧用"弦外之音"

现在的一些年轻女孩，尤其是被父母所宠爱的女孩，都会有一定的"公主病"，总是对男朋友提出各种各样的要求，甚至有一些是过分的。而有些痴情的男孩子生怕得罪"小公主"，因此不得不什么事情都答应她。稍微一反对，女友就又哭又闹，结果闹得自己苦不堪言。

其实，我们完全不必为此感到纠结，只要掌握好恰当的语言，巧用"弦外之音"，那么就能起到很好的效果。

徐丹是老板的女儿，也在公司上班。但她的男朋友，只是本公司的一个小职员。因为身份相差悬殊，所以徐丹总是会表现出一些优越感。这天，徐丹去男友家吃饭，结果"小公主病"又犯了，不仅在男友耳边嘀咕各种对他家的不满，甚至还在吃完晚饭后把男友的妹妹使唤得团团转，又是叫烧水又是让拿擦脚布什么的。

男友心里很不好受，但是他没有直接发作，而是当着徐丹的面对妹妹说："要当师父先学徒弟嘛！你现在加紧培训一下也好，等将来你嫁到别人家里，也摆起来架子，看谁敢说什么！"

一句话，让徐丹意识到自己的表现有些过分了，于是赶忙向男友的妹妹道歉。而妹妹也接受了徐丹的歉意。

巧用"弦外之音"做拒绝，不仅不会让另一半感受到不舒服，还会产生幽默的效应，所以在拒绝恋人时，我们不妨灵活使用。

2. 巧用肢体语言拒绝

表情、肢体语言，这同样是拒绝恋人的好方法。因为，肢体语言同样可以表达内心世界，但因为没有语言，所以就很难产生直接的冲突。例如，当男友和你侃侃而谈了几十分钟依旧不见想停的意思时，你不妨打开电脑，找出工作文件忙碌，然后用眼神给男友做一个表示，这时候他就能明白你的意思，从而打住自己的"侃大山"。

再如，如果男友提出了不当的要求时，我们不必立刻变得暴怒，而是不妨流露出或生气或恐惧的眼神，这时候男友就会意识到自己的要求有些过分了，因此不再多说什么。

3. 巧借经典对白拒绝

对于情侣而言，巧妙借助一些影视作品的经典对白进行拒绝，这不仅不会带来尴尬，反而会让彼此更加会心一笑。例如，当女友因为心情不好要求你去给她买零食，但是这时你的确无法抽身，并且知道直接拒绝一定会刺激她敏感的神经之时，你不妨这么说："难道你忘了咱们前一段一起看的《瘦身男女》了吗？郑秀文说：'我变得很贪吃，越吃越胖，越胖就越吃……终于我变成了一个三百磅的大肥婆！因为这样，黑川回国后，成为有名的音乐家，我只敢像歌迷一样，偷偷望着他，直到前几天……他一点都不认得我了！'"

巧借电影对白进行拒绝，恋人就会意识到自己的行为的确有些过分，但因为这种对白充满了戏剧效果，所以她不仅不会迁怒于你，反而会因为你这种带有幽默感的拒绝而开心一笑！

拒绝示爱也有技巧

爱情是世界上最美妙的一种情感，尤其是当我们遇到了让自己心动的另一半时，自然渴望着一场美妙的爱情能够降临在自己的身上。

不过，有时候我们同样也会遇到这样的人：对对方毫无感觉，对方却想要展开轰轰烈烈的追求。面对这样的追求者，我们该怎样才能拒绝呢？语言太过轻描淡写，会给对方留下幻想；如果太过直白，又担心会伤到对方的自尊。

如何拒绝示爱，是困扰很多年轻人的难题。的确，这本身就是很难把握的事情，既想把事情都说清楚，又想不伤害别人，同时还让对方彻底死心不再存幻想，这不是任何一个人都能做得好的。倘若任着性子乱来，那么表面上看一时我们解决了问题，但却不曾想给未来埋下了隐患的种子。

作为学校里出名的校花，田静一直都被很多男孩子所追求，甚至毕业后到了工作岗位也不例外。

有一天，田静因为工作的事情心情很差，她从主任的办公室出来后打开电脑，这时发现有一封未读邮件。点击阅读后，她发现原来是一封情书，而写这封情书的人，又正好是自己的同事刘启瑞，位置离得也不算远。田静顿时有些生气，自言自语道："也不照照镜子！你追我？癞蛤蟆想吃天鹅肉！"

按理说，田静一般对这种事情不会太在意，但是这天的她突然不知道怎么了，也许是因为被上司批评的缘故，所以站了起来，当着同事们的面，大声喊道："刘启瑞，请你以后不要骚扰我！告诉你，我就是嫁不出去，也不会答应你！"

一下子，办公室里的所有人都窃窃私语起来，不少人对着刘启瑞指指点点。好面子的刘启瑞，顿时脸红了。这件事过了一个星期，依旧是办公室里的笑谈，刘启瑞最后不得不选择了辞职。

田静用这种方法，解决了一时的难题，不过令她没想到的是，正是因为这件事，很多人开始远离田静，觉得她有"公主病"，很难和人友好地交流，更不要说有人追她。甚至，就连田静颇心仪的一位男同事，也选择了敬而远之。田静看着自己喜欢的男生也如此对待自己，忍不住哭了。

每个人都有追求别人的权利，同样，自然也有拒绝别人示爱的权利。但关键是：你能不能用一种不伤害别人的方法来拒绝？如田静这边的举动，无疑伤害了刘启瑞的自尊心，所以即使刘启瑞没有多说什么，但其他人已经意识到：田静并不是一个懂得礼貌、懂得尊重他人的人。这样的姑娘即使容貌再漂亮，也不是可以相濡以沫，彼此牵手度过终生的人！

所以说，尽管你被人求爱，从一方面证明了你在彼此的关系中占据了主导，但是这不等于你可以用侮辱他人的方式去拒绝。这不仅仅只是伤害他人这么简单，更反映出了自己没有教养，从而失去其他追求者，甚至是朋友。

那么，怎样的拒绝，才是最好的方法呢？一般来说，暗示法最能够让对方不失体面地收回爱。

刘庆楠是医院的一名医生，年纪轻轻的他仪表堂堂，同时被誉为未来主任的最佳接班人，所以自然很受一些年轻小护士和异性的喜爱。不过，一心扑在事业上的他，暂时还没有恋爱的打算，所以打算用一种较为温和的方法，拒绝这些女孩子们的示爱。毕竟，他不想态度不好地拒绝，免得和同事之间出现摩擦。

这天，一个其他科室的女医生主动找到刘庆楠，说："晚上一起吃顿饭怎么样？有些话，我想对你说……"

刘庆楠当然知道，这个女医生想要说什么。他笑了笑，说："好啊，我正好也有一件事情想求助你呢！"

女医生一听，自然很高兴："行，我一定帮助你！是什么事情呢"

刘庆楠说："是这样，就是我的女朋友最近脸上总是起痘痘，很闹心。我想着你是皮肤科的医生，一定有办法的。"

听到这里，女医生脸色自然变了一下，但是并没有多说什么，而是借口有事，推掉了晚上的安排。而没过几天，"刘庆楠已经有女友"的消息在医院传开，一下子没有人再骚扰他了。终于，刘庆楠可以安心地投入于工作之中。

刘庆楠的这种拒绝，自然不会引起不必要的麻烦。没有恶语相加，没有纠缠不清，只是简单地暗示"自己已经有女友"，他就轻松拒绝了示爱。

语言就像一把刀，用得不恰当，就会扎伤别人，扎伤自己；反之，则可以起到轻松割断、不再纠结的效果。对比田静和刘庆楠，效果可见一斑。所以，巧妙利用暗示去拒绝，彼此就会心照不宣，毕竟所有人都懂得"强扭的瓜不甜"的道理。

当然，除了暗示，以下这两点，我们同样需要注意与灵活应用：

1. 态度要真诚

一个人说话的语气与内容，同样可以体现出态度。而在拒绝示爱之时，我们同样也要注意好。这一点，《简·爱》中的一个片段就很值得学习：

牧师圣约翰曾经救过简·爱的命，并后来爱上了她。而在面对圣约翰的求爱时，简·爱用她特有的温柔说道："我答应作为你的传教伴侣和你同去，但我不能做你的妻子，我不能嫁给你。"尽管约翰很痛苦，但依旧被简·爱的真诚和友好打动，所以放弃了追求。

所以，在我们面对异性的追求时，如果想要拒绝，那么就不要用一种高高在上或理直气壮的态度去说话，即便暗示，也应该注意不伤害对方。诸如"我不会同意，因为我有另一半"之类生硬的话，不要轻易说出口，而是应当先感谢对方的爱，同时保持平常的态度，做出拒绝。

2. 借物喻人

对于有的人，尤其是一些女生来说，当面拒绝的语言着实不适用，这时候不妨利用"借物喻人"的方法。

小周与小芳两人第一次见面，小周立刻喜欢上了小芳，并提出进一步单独约会的邀请。小芳婉拒了他，谁知小周并不放弃，在第二天直接找到小芳单位，再次请求约会。小芳说："真不好意思，我今天需要加班，您请回去吧！"

当小芳走出办公室后，发现小周依然在楼下等着自己，于是她去超市买了一包口香糖送给小周，寒暄了几句后匆忙告辞。小周拿着口香糖，明白小芳是说他们之间就像口香糖一样做朋友比做恋人好，还是到此为止最好。小周笑了笑，从此不再缠着小芳。

这个故事中的口香糖，就是一种带有寓意的事物，口香糖代表着我们做朋友吧，当对方拿到它时，就会联想到其属性，心知肚明地不再纠缠。所以，对于一些女孩子来说，这同样是一种不错的方法。

不过需要注意的是，如果一旦发现对方理解错了自己的意思，那么就要第一时间赶紧说明，而不是继续保持这种若即若离的关系。否则，受伤害的迟早是自己。

Part 8
如何让"拒绝"善始善终

在拒绝之后，我们要做的事情还有很多：找个合适的时间安慰对方、表达谢意化解尴尬、给对方一个惊喜弥补失落、尽快反馈信息找到解决问题的途径……唯有做到这些步骤，我们的拒绝才算圆满。

别忘记安慰，让对方的情绪缓解

"安慰在中和酸性的狂暴感情上，有很大的化学价值。"

这句话，是美国著名心理学家、成功学家拿破仑·希尔的一句经典名言。而这句话，同样适用于拒绝。

不要觉得，拒绝就是在我们说出"不"的那一刻，就已经戛然而止。事实上，拒绝正如一次完整的化学反应，它还会有后续的反应产生。当时对方接受，但随后对方是否又懊恼；当场对方表现出了平静，是否随后又心生不满？

所以，不要忽视拒绝之后的顺延效应。倘若为此掉以轻心，对方在后来反而又嫉恨起我们的拒绝，那么之前的所有努力不仅白费，说不定还会给自己惹上不少麻烦，如友谊破裂等。

那么，在拒绝之后，我们还有什么事情是必须做的？很显然，就是安慰与同情。我们每天所遇见的人中，有四分之三都渴望得到安慰。安慰，可以使他们心中刚刚燃起的嫉恨迅速降温，使脾气最坏的"老顽固"软化下来。这时候，他也才会真正理解与体谅我们的拒绝。

塔夫脱是美国的第27任总统，尽管政绩没有特别突出的表现，但他却是位和人沟通的高手。

有一年，有一位夫人找到了他。这位夫人住在华盛顿，丈夫也是政界人士，并且小有名气。她找塔夫脱总统的目的，是为了让他同意：给自己的儿子安排某个职位。并且，她还得到了很多参议员的支持，所以她觉得，总统一定会同意自己的请求。

　　但事实上，这位夫人的儿子，其实并不能达到这个职位的要求，所以最后塔夫脱总统并没有答应这个要求，婉言拒绝了她。结果就是因为这个拒绝，塔夫脱差点惹上麻烦事。

　　原本，这位夫人理解塔夫脱的拒绝，但是过了一段时间不知为何，她越想越懊恼塔夫脱的行为，于是写信给塔夫脱，并批评他是世界上最糟糕的人！在信里，她还如此写道："我已经和州里的各位议员商量好，过几天你的一个法案我们将全部否定！等着吧，我不会让你有好日子过的！"

　　看到这样的一封信，塔夫脱一开始自然有些恼怒，甚至想要直接找到她理论。不过，理性告诉他，千万不能这样做。他开始想，为什么第一次她已经接受我的拒绝，可是后来又变得如此呢？

　　想来想去，他决定还是要安慰一下这位夫人。他写了一封很礼貌的信，并表示："夫人，我很能理解您的心理，毕竟谁都想让自己的孩子有一个好的归宿。可是，也请您理解我，任命一个人，并不是完全由我的喜好来决定，我必须遵守规则，否则议会也会找我的麻烦。我真诚地希望，等您的儿子不断努力，然后达到了我们的要求之后，再来做那个职务。"

　　夫人看到这封信，虽然知道塔夫脱说得没有错，但是心里还是有些不舒服。没多久，她就病倒了。病床上，她有些埋怨塔夫脱，想着想着眼泪就不断往下落。看到夫人如此，她的丈夫急忙写了一封信，并将具体情况告诉了塔夫脱。

看到来信，塔夫脱也有些着急。他立马回信道："真的很抱歉，没想到这么严重。我已经联系了我的私人医生，他是位很优秀的医生，相信能够帮助你的妻子。他的联系方式，我已经在信的最后写下。我很同情你们，希望你们知道，我和你们永远在一起。希望，能尽快看到她健康起来。也希望你们的儿子可以不断进步，但是很抱歉，他的确暂时无法胜任那个职务。"

几个月后，塔夫脱在白宫举办音乐会，而第一对向他致敬的夫妇，正是这对华盛顿夫妇。在私人医生的治疗下，那位夫人已经恢复健康。她向塔夫脱总统表示了自己的歉意，理解总统的拒绝，并一再感谢后来他的安慰。

还好，塔夫脱总统没有对这些来信掉以轻心，否则如果那位夫人有什么三长两短，恐怕迎接他的，就是各位议员的口诛笔伐，能否坐稳总统宝座都是个疑问。由此可见，在拒绝时表示安慰与同情，这是十分有必要做的事情。

总统尚且如此，何况我们？

我们一定要了解这样一个事实：无论是谁，无论怎样笑脸接受你的拒绝，他的心里总会有些不舒服，只是他们因为礼仪礼貌，不会当场表现出来罢了。对于一些心胸宽广、通情达理的人来说，也许回头想一想，就能理解你的拒绝；但是对于一些性格过于内向、脾气暴躁之人来说，细琢磨之后反而会更加生气，认为你不够朋友，认为你这是刻意给自己难堪！所以，报复的情绪就会不断滋生。

难道，我们的拒绝对象永远都是心胸宽广之人吗？这当然不可能。所以，拒绝之后再送上同情，这才能给整个拒绝行为画上句号。那么又有哪些好的方法，可以让我们表现出同情呢？

1. 再一次送上安慰

为了不让对方离开后胡思乱想，我们应该通过其他方式，如电子邮件、信件的方式，对其表示安慰。我们应该将具体原因仔细罗列清楚，让对方意识到拒绝绝不是因为自己的一时冲动。并且在最后，我们还应该送上真诚的同情："我知道你很伤心，这也让我很担心。但是真的很抱歉，我的确没有办法答应这件事。希望你能不要因此而沮丧，我也欢迎你随时再来找我，咱们坐在一起解开心结，而不是被负面的情绪所影响。"

在这里需要提醒的是：我们一定要使用电子邮件和信件这样的正式手段，而不是用手机软件的语音等。因为，你的同情载体，体现了你是否真诚。手机软件的语音这类沟通软件尽管方便，可它在某种程度上不能体现出正式和规范，所以朋友即便收到，依旧会觉得你这是在敷衍自己。

2. 拒绝与安慰的间隔不可过长

有的人，会有这样一种想法：我刚刚拒绝了他，还是过一段时间再和他联系吧。这种想法，其实大错特错。因为从分开开始，对方的情绪就会产生变化，时间一长，这种情绪就会产生量变到质变的变化，最终不可收拾。就像案例中的塔夫脱总统，如果他将安慰拖上很长一段时间，那么后果必然不可设想。

一般来说，拒绝与安慰的间隔时间最好控制在三天之内。三天，正是他反复琢磨的频繁时期，在这期间表示安慰，那么就会将小火苗彻底熄灭。超出这个时间，对方情绪的可控性就降低了很多，不利于化解对方的不满。

拒绝之后，表达谢意化解尴尬

无论怎样的拒绝，当我们说出"不"字的短暂时间内，彼此都会感受到一丝尴尬。如果彼此双方性格都侧重于内向，那么这份尴尬反而会进一步发酵，结果二人谁都不好意思开口，四目相对哑口无言。这种感觉，相信没有一个人喜欢。

那么，我们该如何做，才能化解拒绝带来的尴尬呢？有一个最简洁却又最行之有效的方法，那就是表达谢意，说声谢谢。

也许你会有些疑惑："是我在拒绝别人，怎么我还要说谢谢？这不是有些本末倒置了吗？"其实，你根本没有发现，"谢谢"具有很大的魔力，看完下面这则案例，你就会有所启发：

有人说，郭亮就是个"人精"。但是，这个评价绝不是什么贬义词，而是真的对他发出的赞美。因为，他总是很懂得说话技巧，哪怕是拒绝别人，让人也听得无比舒服。

郭亮是一家私企的老板，虽然公司不算很大，但因为朋友很多，所以生意还不错。加上他很够义气，朋友的事情经常会两肋插刀，所以身边有不少好朋友。平日里，他也是经常邀请朋友们一聚，一起聊聊天，喝喝茶。

刚刚认识郭亮的人，以为他是五大三粗、不拘小节之人，但渐渐接触久了，却发现他是那种粗中带细的真汉子，尤其是拒绝别人的时候。有一回，一个朋友找到郭亮，想让他帮忙找一家装修队。因为他刚刚结婚所以手头比较紧，所以只好找有关系的公司，这样价格能便宜不少。因此，他就想到了郭亮。

当时，郭亮在电话里说，让他给自己一点时间。第二天中午，郭亮专门将朋友约到茶楼，然后还有另一名共同的朋友，说："真是不好意思，哥哥的确在装修行业不熟悉，所以真是帮不上你忙。不过，我很谢谢你能这么看重我，装修的事情不是小事，你能想到我，就说明真拿我当朋友！咱们以茶代酒，我谢谢你！"

朋友听到他这样说，反而有些不好意思了，急忙说："亮哥，你真是太客气了！这事儿也是我欠考虑！"

郭亮放下杯子，说："咱们都别这么客气了！虽然我的确帮不上你忙，但是我家前一段也才装修完，你可以多找几家公司要一下报价，虽然我没法让你便宜，但是我看看价格，至少不会让你吃亏！"

听到郭亮这样说，朋友更加佩服郭亮的为人。这时，另一个朋友说道："亮哥这人，真是没话说！咱们喝茶，一边喝一边聊！"

说声"谢谢"，这是世界上最容易、最可靠的方法，可以迅速拉近彼此的关系。并且，感谢的语言通常还会伴随着其他的话语，正如案例中的郭亮，在拒绝的过程中表示感激，这已经让对方非常感动，没有一点怨言；而伴随着感谢的，还有提供其他方面的协助，这更让他无比钦佩。这不仅化解了因为拒绝产生的尴尬，还会让彼此发现其他合作的可能性，更加影响周围的人，所以一瞬间原本可能会出现的冷场，就这样烟消云散了。

在汉语词典里，没有任何一个词语，可以如"谢谢"一般，一讲出来就能立刻赢得一个人的好感，起到化敌为友、抚平心灵创伤、提高自尊心的作用。毕竟，拒绝在某些人眼里，本身就是一种伤害，倘若话说得不得体，那么反而会激起两个人的矛盾，甚至大打出手。电视上、报纸中，因为一方不愿给另一方提供帮助而导致的恶性事件，这种新闻我们也是经常看到。

但是，如果我们能将"谢谢"融进拒绝，那么效果就会大不相同。这种拒绝方式，更像是裹了糖衣的药丸，让我们将拒绝原本所带有的苦涩、尴尬彻底包裹，这样当对方听到之时，就不会再感到刺耳，感到受伤害了。

当然，感谢的话语，不仅只是"谢谢"两个字这么简单。表达谢意可以用很多方式说出来。然而，无论以何种形式，譬如用鲜花、午餐回报，或者其他方式，这个词，或它的一种变化，一定要说出来或写下来。

以下这几种方法，都很适合于我们在拒绝之后表示感激：

1. 直抒情怀

如果我们的交流时间比较长，并且彼此也都非常熟悉，在拒绝的同时，你可以这样说："真是太谢谢你了这件事能想到我，尽管我真的没法为你提供帮助，但是我仍然很感谢你的信任。"这种语言，会给对方足够的尊重。

2. 承诺回报

如果对方在你看来是可以交心，值得未来继续交往的朋友，那么我们可以这样说："真的很不好意思，这次没能帮上你。不过，你这个朋友我交定了，咱们很投缘。你可以把我的电话记下来，以后如果遇到问题，就直接给我打电话。"这种回复方式，既客气地进行了回绝，同时又给以后的交往奠定了契机。

3. 通过文字表达谢意

如果我们不习惯用语言来表达感情，那么通过文字，也可以将自己的谢意进行传达。字条留言、电子邮件等，都是我们传达感情的途径。将想说的话，用这样的方式传递给对方，这样既会显得很正式，也会显得很认真，所以同样能够让对方感受到你的真诚。

4. 借物表示感激

如果朋友向你提出请求的地方，是类似于咖啡屋、茶馆等这类场合，那么我们不妨这样说："真的很抱歉，最终还是没法给你提供帮助。不过很谢谢你的咖啡，它会让我永远记得一辈子。"尤其是闺密之间，这种既拒绝又借物表示感激的方法，非常实用。

5. 送份礼物

如果向你求助的人，是你的领导或社会地位较高的人，那么在口头表示感谢的同时，最好还能再送上一份礼物。例如，求助人是一名小有名气的企业家，那么我们不妨找个合适的机会再送上一份他喜欢的礼物，例如船舶模型、精品烟斗，等等。在他接收到礼物之后，我们还应该打去一个电话："刘总，真是谢谢您能想到我，让我受宠若惊。不过我的确能力有限，实在帮不上忙。我知道您喜欢收集，所以送上这个船舶模型，也算是我向您赔个罪，请您务必收下。"这样，对方就会备感欣慰，对你的这种举动刮目相看，从此彼此的关系反而更进一步。

给对方一个拒绝后的惊喜

没有人喜欢失望，但所有人都喜欢惊喜。拒绝别人也是如此。在拒绝面前，每个人都有一颗失落的心。如何填补这种失落的空白，是我们所需要考虑的事情。而惊喜，则是我们可以送给他最好的礼物。正所谓"柳暗花明又一村"，拒绝之后再让对方感受到惊喜，那么这会起到意想不到的作用。

狄斯雷利曾任英国首相，是英国19世纪时一名杰出的领袖。当年，有一名军官满怀抱负，一心想要成为英国的名将，于是就找到了狄斯雷利，想让他册封自己为男爵。

对于这样的一位将领，狄斯雷利自然是喜爱有加。毕竟，像这样充满斗志且自信的将领，是任何一个军队都不可或缺的。同时狄斯雷利还知道，这位将领年纪轻轻但能力超群，绝对是一名可以培养的人才。但是，他的确太年轻了，并且还没有多少战功，所以此时如果册封的话，那么必然会招致非议。

左右权衡之后，狄斯雷利对他说："亲爱的朋友，我也很欣赏你，不过，目前的你，还不能获得男爵的封号……"

一下子，这位年轻人的脸上写满了失望。这时，狄斯雷利急忙补充道："不过，我却可以给你一个更好的礼物！"

年轻人疑惑地看着他，说："是什么？"

狄斯雷利说："我会在明天对所有大臣宣布，我原本想册封你为男爵，但是你很谦虚，以自己的资历不足婉拒了。"

听到这里，年轻人不由破涕为笑。第二天，这个消息传遍了整个英国，所有人都称赞这个年轻人淡泊名利、谦虚无私，是英国未来的希望，对他的尊重甚至超过了所有男爵！年轻人自然是感激涕零，从此成了狄斯雷利最坚定的左膀右臂和军事后盾。而几年后，他也因为卓越的功勋，顺利取得了男爵的册封。

狄斯雷利知道，其实这位年轻人最需要的，并不一定是男爵这个称号，而是英国领袖们对于他的信任，以及民众对他的支持。相比这些，男爵不过只是一份可有可无的荣誉，远远赶不上坚定的支持、真诚的尊重让他兴奋。正是因为明白这一点，所以狄斯雷利在拒绝了年轻人之后，却在他还没有沮丧之时，就送上了一个让他真正感受到心灵满足的大礼。

我们不知道狄斯雷利是否懂得"心理补偿效应"的原理，但是他的确做到了这一点。"心理补偿效应"最主要的应用范围，正是在拒绝之后。心理补偿效应是一种有效调节心理的好办法，就像一个人饥肠辘辘之时，虽然我们没法直接给他一笔就餐的钱，却提供了一张可以免费吃喝的VIP卡，他依旧可以满足内心的期望。

可惜的是，很少有人掌握这种技巧。很多时候，我们拒绝之后就忘记了对方，甚至当着他的面继续开始自己的狂欢，却没曾留意他眼中闪过的一丝失望。尽管，这并不会影响我们彼此的友谊，但是久而久之，这也会让我们的关系出现裂痕。

所以，如果你想做一名人际交往的高手，那么就不妨在拒绝别人之后，主动补偿对方，以此化解尴尬。哪怕你不能帮对方做其他的事情，也可以用其他的方式，给人以安慰。

那么，有哪些具体的方法，可以让我们在拒绝之后，送给对方一个惊喜呢？

1. 协助他找到新的方向

对于朋友较为急切的请求，尽管我们已经做出了拒绝的姿态，但这时候不妨停下手头的工作，和他一起想想办法，并最终协助他找到新的途径。例如，当朋友因为走不开身，但下午必须去派出所将补办的身份证取出时，这时候你不妨和他说："咱们先别急，想想看还有什么办法？对了，咱们认识的×××不是就在那个派出所附近住吗？我和他更熟悉一点，现在我就帮你打个电话……"

这样一来，朋友原本的求助，就在否定之后得到完美解决了。并且，这种帮助不需要很多时间，有时候仅需几句话就可以完成，所以何乐而不为？退一步说，即便我们的建议他没有接受，但至少我们也做到了仁至义尽，这样他也就无法再继续埋怨我们了。

2. 安慰，也是一种礼物

有的时候，我们的确没有好的建议送给他，但是真诚的安慰，同样可以弥补拒绝带来的伤害。例如，"真的，这样的事情我也不知道该怎么办。无数次我也觉得，如果也遇到了这样的情形，我会做何选择？恐怕，我早就已经崩溃了……你已经比我想象得更加优秀，所以你也不要再这么纠结了……"几句让人宽心的话语，就可以最大限度地帮助他分担痛苦，这对于安慰者而言，无疑也是一种平复心灵的礼物。

3. 持续关注朋友的事情

人际交往中最忌讳的，是针对某件事交谈后从此不管不问，这最容易让人伤心。所以，即便我们拒绝了朋友，并且也无法提供其他建议之时，也应该过一段时间后打个电话，问问他事情是否解决。例如，我们可以这样说："真不好意思，那件事实在帮不上忙。怎么样，现在问题解决了吗？"

这样的嘘寒问暖，虽然不能给对方带来真正的帮助，但是却依旧会让对方感动，意识到你并没有忘记自己，拒绝只是无可奈何而为之。更何况，也许经过一段时间后，我们的确有了一些更好的建议送给对方，起到雪中送炭的目的。一个会这样做的朋友，又有谁会生他的气？

4. 帮助朋友转移注意力

对于我们既无法提供直接帮助，同时他自己也找不到解决方法的朋友，此时最好的礼物，无异于帮助他转移注意力，不要将所有心思都放在无法解决的事情上。就像朋友失恋，一直央求你帮忙再寻找爱情之时，谁也不可能几分钟就解决问题；这时候，我们不妨邀请他一起做点其他事情转移情绪。比如对方喜欢唱歌跳舞，可以陪他一起去唱歌；对方喜欢文学艺术，可以陪他一起看书；对方喜欢看电影，团购两张电影票沉浸于影音的世界中；对方喜欢户外运动，可以陪他多到户外去活动等。当他的情绪得到了转移，不再纠结于痛苦，变得重新露出微笑，这时候早就会把你的拒绝忘得一干二净。

恰当的拒绝反而能激发别人

每个人都有自尊心，尤其在遭受拒绝后，即便拒绝再有技巧，也不免都会让人心里出现一丝波澜。尤其是对于领导而言，拒绝了下属的要求后，我们不要忘了在合适的时机或安慰或鼓励一下下属。唯有这样我们的拒绝才算圆满。倘若方法得当，反而会起到更加刺激他发奋图强的决心。

郑爽毕业于某大学软件设计专业，因为成绩优异加上为人踏实，所以刚一毕业，他就进入了一家大型IT公司，任软件开发人员。一晃三年过去了，郑爽在这家公司干得非常出色，由他设计的两款手机软件都进入了下载前十名，一时间成为了这家公司的核心人物之一。

不过，让郑爽有些郁闷的是，尽管业务突出，但老板似乎并没有打算提升他的意思。于是，他依旧只是做着一个小组组长，不过是最基层的领导。甚至，连领导也算不上。为此，郑爽专门找到老板，并提出了自己晋升的请求。

老板说："郑爽，我知道你业务能力突出，不过你们部门的确现在没有缺口啊。要不这样，到今年年底，咱们要进行科室竞聘，到时候我一定支持你，你看怎么样？"

郑爽听完，只好接受了老板的建议。为了年底的竞聘，他鼓起干劲，率领小组又设计出了一款全国大热门的软件。到了年底，所有人都认为，郑爽一定成为科室主任。毕竟，郑爽的业务突出、年轻有为，又有一定的带队经验。

谁知道，就在竞聘的前三天，老板找到他，说："郑爽啊，这次，我看你先放弃一下，等明年再说吧。最近咱们公司招聘到了另外一家公司的主任，我想，让人家直接……"

听到这郑爽气不打一处来，打断了老板的话，毅然选择了辞职。因为能力过硬，所以郑爽没失业多久，就跳槽到了北京另一家IT公司。

很快又是一年过去了，郑爽在这家公司再次创造了优异的成绩。他又一次找到了领导，说起了自己能否晋升的话题。老板想了想，说："小郑，我能理解你渴望晋升的机会。但是，咱们公司有明确规定，必须在一个岗位工作两年以上，才有进一步晋升的机会。不过，我很欣赏你的这种精神，但也希望你能理解。"

听到这样的回复，郑爽不免有些失望。在他看来，去年在老家的经历又要再一次上演了。因此，他不免有了再一次离职的冲动。不过就在第三天，老板又找到了他，说："小郑，既然你很有干劲儿想要去做领导层，那么，今年我会给你特别的挑战和任务，让你再锻炼一下！咱们和美国一家公司签订了一个合同，这个软件是咱们公司这个季度的重点，如果你有信心，就来做这个项目的总负责人！只要能做好，虽然不可能马上晋升，但享受领导层的奖金，你看怎么样？"

几句话，郑爽的热情被点燃了。在他的带领下，这个项目顺利完成。随后，他又毛遂自荐，用了半年多的时间，带领几个同事再次进行升级，让这款软件得到了客户与市场的双口碑。而凭借着这两场漂亮的胜仗，到了年底，郑爽果然成为部门总监，这让他感到了无比开心。

春季回老家过年，郑爽与以前的同事们聚会，得知自己的第一家公司因为管理不善，一些核心元老都已离开，现在到了濒临倒闭的境地。郑爽笑了笑，庆幸自己找到了一位好老板。

虽然，两位老板都进行了拒绝，并且在拒绝的那一刻，他们的理由都很让人信服，但是为什么最终，却获得了完全不同的效果？很简单，第一位老板虽然懂得拒绝的方法，但是不懂得安慰郑爽，甚至还出尔反尔，这必然会给郑爽带来一种这样的印象：这不过只是一个喜欢侃侃而谈的老板！除了一张嘴，其实没有任何能力！这样的老板，跟着会有什么前途？

而再看第二位老板，他在拒绝之后，第一时间就安慰了郑爽，并且给予了他进步的空间，甚至还有一定的奖励式补偿。对于这样懂得拒绝后再揉一揉的老板，郑爽怎会不奋进，不努力？所以这样一来，当机会到了之时，郑爽自然能够实现自己的梦想。

现实中，有几位领导能如第二位老板一般？恐怕，绝大多数都是走着第一位老板的老路。正因为如此，那些优秀的下属总是选择渐渐疏远他们，或是选择出工不出力，或者选择如郑爽一般毅然辞职。

所以说，拒绝是一门艺术。这门艺术，不仅只在拒绝那一刻产生效果，更会在未来呈现出让人匪夷所思的能量。运用得好，这份能量将会激励下属，创造更大的奇迹；运用得不好，我们反而会被这股能量反噬，造成团队失衡，人才流失。

拒绝下属很常见，巧妙拒绝经过学习也可以轻松实现；但是，在拒绝之后揉一揉，这是各位领导更应该学习的技巧。所以，无论因为怎样的原因拒绝了下属，我们都应当做到以下这些：

1. 短暂期过后安抚情绪

拒绝下属后，我们可以让彼此的情绪短暂平复后，与下属再进行一次谈话。例如，当因为项目期限即将来临，你不得不拒绝下属的请假，那么不妨在半天后再次叫来这位下属，并对他说："其实，我知道你的这个事情的确很着急，但是咱们公司这个项目下周就要完成，所以这是关键时期，希望你能体谅。如果可以，我能否帮助你解决一下？或者说，哪位同事可以？如果他这段不是很忙，那么我可以派遣他帮助你解决难题。"

通常来说，下属不会麻烦上司或同事来帮助自己的，所以他们会婉言谢绝。但是，你的这种态度和对话却会给他安慰，让他感受到领导不是针对自己而拒绝，更不是不问青红皂白地拒绝。当他感受到领导是真的关心自己，并愿意为拒绝做出一定补偿的，那么他就会理解领导的拒绝，并用积极向上的工作态度来回馈。

2. 说出去的承诺一定要兑现

不少领导在拒绝下属的时候，总是习惯在最后加上一句承诺，例如："这段时间大家的确很辛苦，但是因为这个项目的原因，我还不能同意休假的请求。不过请放心，这个项目完成后，我带大家一起去三亚旅游放松！"

说者无意听者有心。正是最后的那个承诺，让下属接受了你的拒绝，不再心存埋怨。可惜，很多领导却是随口一说，到了时间就会忘得一干二净。正如案例中的那个第一位老板。郑爽原本已经接受他的拒绝，谁知正是因为最后的食言，逼得郑爽辞职。

那么，该如何解决这个问题呢？首先，我们不要随意承诺，尤其是一些过于夸大的内容，例如"这个项目完成后每人奖励一辆汽车"；其次，如果做出了承诺，那么不妨记录下来，贴在明显的位置，提醒自己未来需要兑现。唯有如此，我们的拒绝才能让人心服口服，才能调动下属的积极性！

拒绝不是结束，及时反馈解决问题

朋友之间拒绝后，我们送上安慰、表达谢意，那么这件事就可以完满落幕；然而职场上的拒绝，却不是这么简单。毕竟工作不是生活，拒绝也许让我们按下了暂停键，可事情到最后还是要解决，不可能永远悬在那里不管不顾。

那么对于职场而言，在拒绝之后，还有哪些工作要做？

及时反馈信息，找出其中原因，并为解决问题寻找出答案。否则，问题解决不了，还会给整个公司运转带来不必要的麻烦。

丛伟是一家公司的市场部总监，这个月因为有新品上市，所以他制定了一个预算表提交至财务部。不过，财务部总监段旭看到这份预算，立刻拒绝道："太贵了，不行！咱们什么时候上新品花过这么多钱！"

不得已，丛伟只好回到办公室，继续优化预算。结果，他反复修改了五六遍，却依旧不能得到通过。丛伟也生气了，反而来了个反拒绝："不可能再修订了！你自己也不看看？再让我们压缩，我们完全就没法开展工作了！"

两个人一赌气，互相拒绝了之后，这件事就谁也不管了。其实，市场部和财务部都有自己的难处，市场部的工作是赚够盈利，财务部的工作却是压缩成本。他们都在尽自己的职责，所以彼此在拒绝的时候，都是显得那么理直气壮。

结果，这件事就这么停滞了，直到一个星期后，老板问起项目进展如何，丛伟才说："财务部不同意，什么都没做……"老板勃然大怒，将二人都叫到了办公室。谁知，二人又争论了起来，谁也不服谁，总是一个刚提出意见，另一个就立刻拒绝。

老板忍不住了，怒喝他们闭嘴。老板先是问："段旭，你为什么拒绝丛伟的报价？"

段旭说："老板，咱们不是没有做过新品发布，可是哪一次有
这么高的价格？我一看最后预算，就发现不可能通过！"

老板又让丛伟说明理由。丛伟说："老板，这次预算较高是有
原因的。这款产品，是咱们今年重点推荐的产品，所以还邀请了相
关嘉宾出席发布会，同时还有微博直播，等等，这些新媒体也都是
之前从没有使用过的。所以比过去贵了些"

"什么？"段旭惊讶道，"增加了这么多项目？可是，你为什
么不和我说？预算表里也没有这么多明细的内容……"

这时候，老板发话了："这就是你们的工作方式？就知道互相内
斗，互相拒绝？难道你们不能坐下来，哪怕给我打电话，把这些问题
反馈给我，然后再做决定？段旭，你否定报价的行为没有错，可是在
否定之后，你不会问一问具体情况？还有你丛伟，他否定了，难道你
不会和我说吗？你们这种工作方法，还谈什么为公司创造成绩！"

这就是职场上的拒绝后果，这远比朋友之间的拒绝要严重得
多。正如老板所说，他们各自的拒绝，其实本身都没有问题，毕竟
每个人都有自己负责的职务内容；但拒绝之后的不沟通，让工作就
此停滞，这才是老板真正发火的重要原因。

其实职场上类似的事情有很多，尤其是部门与部门之间，部门
领导与部门领导之间。很多领导只是做好了一方面的工作：拒绝另
一个部门领导看起来不合理的要求，却从没有进行过换位思考为什
么对方要提出这样的要求？是不是公司的新任务的硬性组成？

结果，我们根本不去考虑这些，造成了彼此无休无止地互相拒绝，更导致增加了巨大时间成本，最终不仅导致项目无法顺利开始，还造成了部门与部门之间的对立，原本合作无间的公司内部出现裂痕。如果我们在拒绝之后，尽快开始信息反馈，那么怎会出现这样的问题？

既然拒绝后的及时反馈是如此重要，那么我们就应该根据不同的场景合理应用：

1. 与对方进行内容核对

如果我们看到对方提交的内容，与我们所掌握的信息差异过大，那么在拒绝之后，可以和他说："你的这份内容，似乎与我所知的有太大偏差，所以暂时我不能通过。不过，我不知道是不是其中有什么疏忽的地方，才导致这样。如果有时间，你可以和我一起，咱们下来再对一下，这样我才能做最终的决定。"这种回复，既可以让对方明白我们为何拒绝，又同时给了他解释的机会，所以这样一来他既不会满怀抱怨，同时我们也能够通过沟通，将问题进行解决。

2. 自己无法处理之时，及时上报

有的时候，同事向我们提出的要求，已经超越了我们的认知，这时候不妨暂时拒绝之后，同领导层进行咨询后，再给对方进行答复。例如，当你某一天正在忙碌于工作之时，突然有同事告诉你："现在赶紧放下工作，和我一块去处理那一件事情吧！"但是，那个项目你并非是直接参与人员，所以婉拒之后，可以这样说："不是我不帮忙，而是这件项目的确我没有进入，完全不了解。你稍等

一下，我和主管汇报一下，如果他同意了，我就立刻去！"

当我们有了上级领导的答复之后，这时候再做决定，就会避免同事认为你"自私"。毕竟，领导如果都不让你参与，那么谁又有权力指挥你呢？这样，他即便再有不满，也是只好在心底埋怨领导，而不是怪罪于你。

3. 彼此都要控制脾气

职场上最忌讳的事情，是情绪被他人影响，两人同样暴跳如雷，在公司内大吵大闹。公司不是家里，它具有公共场合的属性，而老板和领导最不愿看见的就是公司内部人员互相破口大骂，这不仅影响整个企业的形象，更影响内部的凝聚力。

所以，如果对方听到我们的拒绝突然情绪失控时，首先要做的是自己别跟着"被点燃"。我们不妨暂时离开办公室，找另外的同事先行劝说，待他火气消去一点后回来说明："我拒绝你不是针对你，而是因为咱们公司有相应的规定，希望你能理解。刚才我也有不妥之处，现在咱们都平静一下，我需要有按照规定提交的报告或理由，所以咱们不妨继续沟通一下。"因为你的言语都是符合原则的，所以对方也不好再过咄咄逼人。

当然，如果对方提出的要求完全不符合公司规定，甚至还会严重侵害公司利益，那么无论对方态度如何，我们都应该强硬拒绝，然后立即通知相关领导。总而言之，对于合理的工作项目，我们在拒绝后应当进行信息反馈与沟通，避免信息不畅影响工作；但如果通过了解得知其要求完全不合理，那么就不必再考虑那么多，大声说出你的"不"！

图书在版编目（CIP）数据

怪诞心理学：你为什么不好意思说"不" / 田野著 .—北京：
中国华侨出版社，2015.11

ISBN 978-7-5113-5798-4

Ⅰ . ①怪… Ⅱ . ①田… Ⅲ . ①心理学—通俗读物
Ⅳ . ① B84-49

中国版本图书馆 CIP 数据核字（2015）第 282918 号

怪诞心理学：你为什么不好意思说"不"

著　　者 /	田　野
责任编辑 /	嘉　嘉
责任校对 /	王京燕
经　　销 /	新华书店
开　　本 /	670 毫米 ×960 毫米　1/17　印张 /17　字数 /196 千字
印　　刷 /	北京建泰印刷有限公司
版　　次 /	2016 年 2 月第 1 版　2016 年 2 月第 1 次印刷
书　　号 /	ISBN 978-7-5113-5798-4
定　　价 /	32.00 元

中国华侨出版社　北京市朝阳区静安里 26 号通成达大厦 3 层　邮编：100028
法律顾问：陈鹰律师事务所
编辑部：（010）64443056　　64443979
发行部：（010）64443051　　传真：（010）64439708
网址：www.oveaschin.com
E-mail：oveaschin@sina.com